中等职业学校信息技术类改革创新系列教材

计算机组装与维护教程

张　力　李　巍　主　编
张　燕　石　峰　范春霞　闫红翔　副主编
姚　军　苗　培　谢　俭　郑珍银　参　编
韩　峰　刘永红　主　审

中国铁道出版社
CHINA RAILWAY PUBLISHING HOUSE

内容简介

本书以计算机的组装与维护知识为主线，按照项目化、任务驱动教学法组织教学内容，突出情境导入的教学理念。主要内容有计算机概述，计算机的组装，设置BIOS，安装系统软件与应用软件，计算机的外设与其他存储设备，家庭、办公网络，计算机的优化、维护与安全等知识。理论部分表达清晰，通俗易懂；实践操作部分突出实际动手能力的培养，很好地贯彻了培养技能应用型人才的指导思想。

本书适合作为中职、高职高专学校计算机专业的教材，也可作为计算机爱好者的自学参考书，以及计算机培训班的教学用书。

图书在版编目（CIP）数据

计算机组装与维护教程 / 张力，李巍主编. —北京：中国铁道出版社，2012.1

中等职业学校信息技术类改革创新系列教材

ISBN 978-7-113-14022-9

Ⅰ. ①计… Ⅱ. ①张… ②李… Ⅲ. ①电子计算机－组装－中等专业学校－教材②电子计算机－维修－中等专业学校－教材 Ⅳ. ①TP30

中国版本图书馆CIP数据核字（2011）第273337号

书　　名： 计算机组装与维护教程

作　　者： 张　力　李　巍　主编

策　　划： 刘彦会　　　　**读者热线：** 400-668-0820

责任编辑： 刘彦会　冯彩茹

封面设计： 刘　颖

封面制作： 白　雪

责任印制： 李　佳

出版发行： 中国铁道出版社（100054，北京市西城区右安门西街8号）

网　　址： http://www.edusources.net

印　　刷： 北京新魏印刷厂

版　　次： 2012年1月第1版　　2012年1月第1次印刷

开　　本： 787 mm×1092 mm　1/16　**印张：** 11.25　**字数：** 271千

印　　数： 1～3 000册

书　　号： ISBN 978-7-113-14022-9

定　　价： 20.00元

前言

FOREWORD

市场经济的迅猛发展，信息技术的飞速进步，要求职业教育培养出面向市场的技术应用型的技能人才。新的职业教育课程的设计要求：教师要以职业活动为导向，以素质为基础，突出能力目标，以学生为主体，以项目为载体，以实训为手段，设计出知识、理论、实践一体化的课程。

按照“以就业为导向，以服务为宗旨”的职业教育目标，我们培养的学生除应具有良好的职业道德、职业素质、熟练的职业技能外，还应具有必要的、精选的专业理论和专业应用知识。在中职学校的课程教学过程中，必须把培养学生动手操作的能力和自我学习运用知识的能力放在突出的位置，以保证学生毕业走上工作岗位后的可持续发展。

包头财经信息职业学校的课程教学改革正是基于上述理性思考和现实状况而开展的。我校的专业建设也正是从课程教学改革入手逐步展开的。职业学校的学生不是泛泛地被动接受知识、积累知识，而是要学习实用就业技能，掌握在未来的职业岗位上解决遇到的现实问题的本领。所以，课程的技能目标问题是职业教育教学改革的核心问题。为此，我们制定了新的课程评价标准：课程突出技能目标，用项目任务训练学生的实际动手操作能力，要以学生为主体，也就是：能力目标——任务训练——学生主体。

本套教材及上机指导与习题，是我校职业教育课程教学改革的成果之一，是计算机与信息技术系和兄弟院校精英教师们理论与实践的结晶。教材中所列的教学案例，阐述的观点、方法既是校本教研的成果，也是我们实践经验的总结。

感谢历史，将我们送入了飞速发展的信息时代；感谢高度发达的科学技术，为我们撑起了广袤的信息天空；感谢有远见卓识的人们，为我们架起了可以飞向信息天空的平台；感谢参与编写本套教材及上机指导与习题的老师们；也感谢对本套教材及上机指导与习题给予大力支持的同仁们；更感谢侯冬梅教授的亲切关怀和无私支持。

由于时间有限，加之编者水平有限，书中难免存在不足和疏漏之处，恳请广大师生不吝赐教，提出宝贵意见和建议，以便我们更好地改进。

编　者

2011 年 11 月

目录

CONTENTS

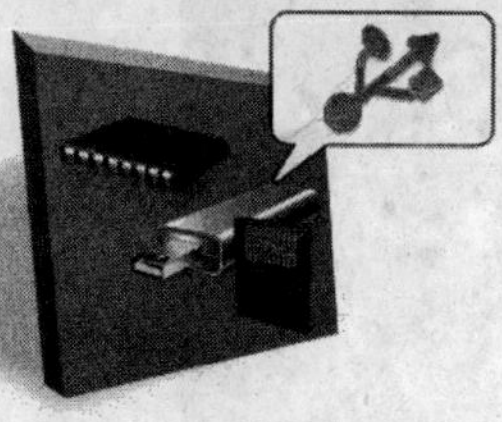

项目一 计算机概述

本项目主要介绍计算机的发展史和计算机系统中硬件系统与软件系统的组成与功能，以对计算机有一个初步的认识，为后续内容的学习打下良好的基础。

主要内容：

- 计算机发展史
- 计算机的硬件和软件组成

任务一　计算机的发展简史

课堂任务

了解计算机发展的 4 个时代及使用的软件系统。

知识要点

计算机发展的 4 个阶段及特点。

课程内容

1. 第一代：电子管计算机（1946—1957）

1946 年 2 月 15 日，标志现代计算机诞生的 ENIAC（Electronic Numerical Integrator and Computer）在费城公诸于世。ENIAC 是计算机发展史上的里程碑，它通过不同部分之间的重新接线编程，还拥有并行计算能力。ENIAC 由美国政府和宾夕法尼亚大学合作开发，使用了 18 000 个电子管，70 000 个电阻器，有 500 万个焊接点，每小时耗电 160kW，其加法运算速度为每秒 5 000 次。第一代计算机的特点是操作指令是为特定任务而编制的，每种机器有各自不同的机器语言，功能受到限制，速度也慢。另一个明显特征是使用真空电子管和磁鼓存储数据。第一代计算机如图 1-1-1 所示。

图 1-1-1

2．第二代：晶体管计算机（1957—1964）

1948 年，晶体管的发明代替了体积庞大的电子管，电子设备的体积不断减小。1956 年，晶体管在计算机中使用，它和磁心存储器的应用导致了第二代计算机的产生。第二代计算机体积小、速度快、功耗低、性能更稳定。第二代计算机还有现代计算机的一些部件：打印机、磁带、磁盘、内存、操作系统等。计算机中存储的程序使得计算机有很好的适应性，可以更有效地用于商业用途。在这一时期出现了更高级的 COBOL 和 FORTRAN 等语言，使计算机编程更容易。新的职业（程序员、分析员和计算机系统专家）和整个软件产业由此诞生。第二代晶体管计算机 IBM360 如图 1-1-2 所示。

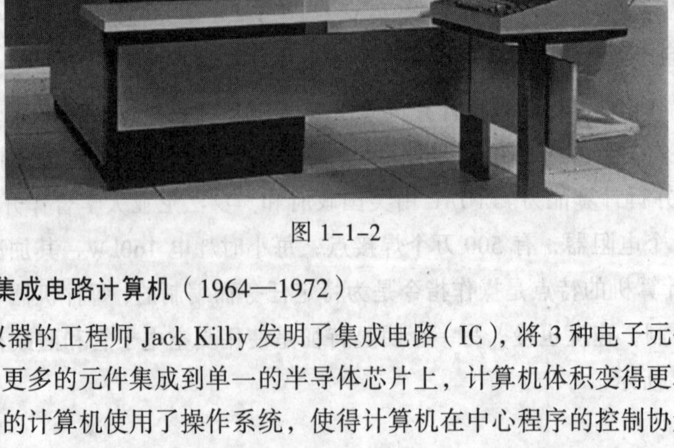

图 1-1-2

3．第三代：集成电路计算机（1964—1972）

1958 年得州仪器的工程师 Jack Kilby 发明了集成电路（IC），将 3 种电子元件结合到一片小小的硅片上。随后，更多的元件集成到单一的半导体芯片上，计算机体积变得更小，功耗更低，速度更快。这一时期的计算机使用了操作系统，使得计算机在中心程序的控制协调下可以同时运行许多不同的程序。第三代集成电路计算机如图 1-1-3 所示。

图 1-1-3

4．第四代：大规模集成电路计算机（1972—现在）

大规模集成电路（LSI）可以在一个芯片上容纳几百个元件。到了 20 世纪 80 年代，超大规模集成电路（VLSI）在芯片上容纳了几十万个元件，后来的（ULSI）将数字扩充到百万级。这就使得计算机的体积和价格不断下降，而功能和可靠性却不断增强。20 世纪 70 年代中期，计算机走进普通消费者，这时的小型机带有友好界面的软件包，包括供非专业人员使用的程序和最受欢迎的字处理和电子表格程序等。1981 年，IBM 推出个人计算机（PC）用于家庭、办公室和学校。20 世纪 80 年代个人计算机的竞争使得计算机价格不断下跌，微机的拥有量不断增加，计算机体积继续缩小。与 IBM PC 竞争的 Apple Macintosh 系列于 1984 年推出，Macintosh 提供了友好的图形界面，用户可以用鼠标方便地操作。第四代大规模集成电路计算机如图 1-1-4 所示。

图 1-1-4

任务二　计算机系统的组成

课堂任务

学习计算机系统两个重要的组成部分：硬件系统和软件系统。

知识要点

（1）硬件系统的组成。

（2）软件系统的组成。

课程内容

计算机系统主要由硬件系统和软件系统两大部分构成，如图 1-2-1 所示。

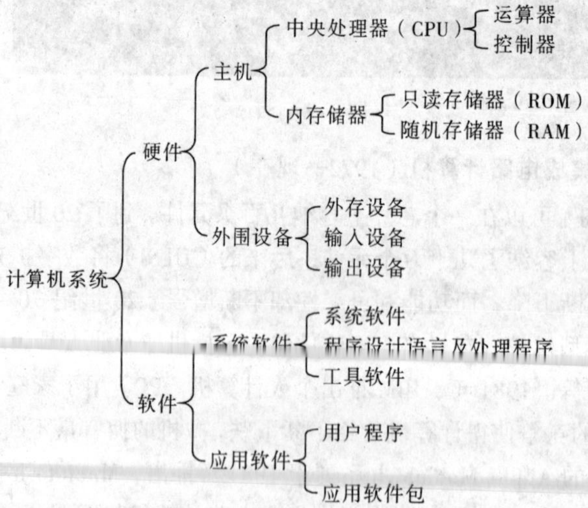

图 1-2-1

1. 计算机硬件系统

按照冯·诺依曼的计算机结构思想，计算机硬件系统由五大部分构成，即运算器、控制器、存储器、输入设备和输出设备。

1）输入设备

输入设备是用来向计算机输入程序和数据的设备，计算机常用的输入设备有键盘、鼠标、扫描仪等。

2）运算器

运算器是计算机中进行算术运算和逻辑运算的部件。

3）控制器

控制器是统一控制和指挥计算机各个部件协调工作的部件。在控制器的控制下，计算机能够自动按照程序设定的步骤进行一系列指定的操作，以完成特定的任务。运算器和控制器合称为中央处理器，是计算机系统的核心部件。

4）存储器

存储器是用来存储程序和数据的部件。存储器可以在控制器控制下对数据进行存取操作，我们把数据从存储器中取出的过程称为“读”，把数据存入存储器的过程称为“写”。存储器容器用B（字节）、KB、MB、GB、TB 等存储容量单位表示。通常将存储器分为内存储器（内存）和外存储器（外存）。

（1）内存储器又叫主存储器，是主机的一部分，分为只读存储器和随机存储器两类。

（2）外存储器又叫辅助存储器，如硬盘、软盘、光盘等。存放在外存中的数据必须调入内存后才能运行。外存存取速度慢，但存储容量大，主要用来存放暂时不用，但又需长期保存的程序或数据。

5）输出设备

输出设备是将计算机处理的数据、计算结果等内部信息按人们要求的形式输出。常见的输出设备有显示器、打印机、绘图仪等。

中央处理器和内存储器合称为主机。各种输入设备、输出设备、外存储器称为外围设备。

2. 计算机软件系统

计算机软件是指在计算机硬件上运行的各种程序及有关文档资料的总称。它的作用在于对计算机硬件资源的有效控制与管理，提高计算机资源的使用效率，协调计算机各组成部分的工作，并在硬件提供的基本功能的基础上，扩大计算机的功能，提高计算机实现和运行各类应用任务的能力；同时向用户提供尽可能方便、灵活的计算机操作界面和诊断等所需要的工具。

计算机软件系统包括系统软件和应用软件。系统软件一般由计算机厂商提供，应用软件是为解决某一问题而由用户或软件公司开发的。

1）系统软件

系统软件是指管理、监控和维护计算机资源（包括硬件及软件）的软件，主要包括操作系统、各种语言处理程序以及各种工具软件等。

（1）操作系统：操作系统（Operating System，OS）是控制和管理计算机硬件和软件资源、合理地组织计算机工作流程并方便用户充分且有效地使用计算机资源的程序集合，操作系统是系统软件的“核心”，是用户与计算机之间的接口，也是其他系统软件和应用软件能够在计算机上运行的基础。目前，计算机上常用的操作系统有 DOS、Windows、UNIX、Linux 等，其中基于图形界面、多任务的 Windows 操作系统使用最为广泛。

（2）程序设计语言及处理程序：人们要利用计算机解决实际问题，一般首先要编写程序。程序设计语言就是用来编写程序的语言，它是人与计算机之间交换信息的工具。程序设计语言一般分为机器语言、汇编语言和高级语言三大类。

（3）工具软件：又叫服务软件，它是开发和研制各种软件的工具，常见的工具软件有诊断程序、调试程序、编辑程序等。这些工具软件为用户编制计算机程序及使用计算机提供了方便。

2）应用软件

应用软件是指专门为解决某个应用领域内的具体问题而编制的软件，由于计算机的应用几乎已渗透到各个领域，所以应用软件也是多种多样的。

常用的应用软件有以下几种：

（1）各种信息管理软件。

（2）各种文字处理软件。

（3）各种计算机辅助设计软件和辅助教学软件。

（4）实时控制软件。

（5）各种软件包，如数值计算程序库、图形软件包等。

综上所述，计算机是一个由计算机硬件和计算机软件构成的完整系统，其中硬件包括主机和外围设备等，软件可分为系统软件和应用软件两大类。

项 目 二

计算机的组装

自己动手组装一台属于自己的计算机，是计算机爱好者梦寐以求的事情。本项目从识别计算机的各个硬件、了解部件的性能、计算机组装的方法 3 个方面入手，让我们轻轻松松学会计算机的组装。

主要内容：

- 安装主板
- 安装 CPU 和内存
- 安装驱动器及各种板卡
- 连接驱动器的数据线和电源线

任务一　安 装 主 板

课堂任务

认识主板的构成，掌握主板各个接口的名称与作用；使用安装工具将主板正确安装到机箱内。

知识要点

（1）主板的构成。

（2）主板的主要接口。

（3）安装主板的方法。

课程内容

1．主板的理论知识

一块主板主要由线路板和它上面的各种元器件组成。

1）线路板

计算机的线路板是位于主机底部的一块多层印制电路板，是主机中最大的一块电路板。线路板实际是由几层树脂材料粘合在一起的，内部采用铜箔走线。一般的 PCB 线路板分为 4 层，最上和最下的两层是信号层，中间两层是接地层和电源层，将接地层和电源层放在中间，可容易地对信号线做出修正。而一些要求较高的主板的线路板可达 6～8 层或更多，如图 2-1-1 所示。

图 2-1-1

线路板要想在计算机上做主板使用，还需要制成不同的板型。其中 AT 板型是一种最基本板型，其特点是结构简单、价格低廉，标准尺寸为 33.2 cm×30.48 cm，AT 主板需与 AT 机箱电源等相搭配使用，现已被淘汰。而 ATX 板型则像一块横置的大 AT 板，这样便于 ATX 机箱的风扇对 CPU 进行散热，而且板上的很多外部端口都被集成在主板上，并不像 AT 板上的许多 COM 口、打印口都要依靠连线才能输出。另外 ATX 还有一种 MicroATX 小板型，它最多可支持 4 个扩充槽，减少了尺寸，降低了能耗与成本。

2）北桥芯片

芯片组是主板的核心组成部分，按照在主板上的排列位置的不同，通常分为北桥芯片和南桥芯片，其中北桥芯片是主桥，一般可以和不同的南桥芯片进行搭配使用以实现不同的功能与性能。图 2-1-2 所示为北桥芯片。

图 2-1-2

北桥芯片一般提供对 CPU 的类型和主频、内存的类型和最大容量、ISA/PCI/AGP 插槽、ECC 纠错等的支持，通常位于主板上靠近 CPU 插槽的位置，由于此类芯片的发热量一般较高，所以在此芯片上装有散热片。

3）南桥芯片

南桥芯片主要用来与 I/O 设备及 ISA 设备相连，并负责管理中断及 DMA 通道，让设备工作得更顺畅，其提供对 KBC（键盘控制器）、RTC（实时时钟控制器）、USB（通用串行总线）、Ultra DMA/33（66）EIDE 数据传输方式和 ACPI（高级能源管理）等的支持。南桥芯片位于靠近 PCI 槽的位置，图 2-1-3 所示为南桥芯片。

图 2-1-3

4）CPU 插槽

CPU 插槽是主板上安装处理器的地方，针对不同的 CPU，对应的 CPU 插槽也不相同。图 2-1-4 所示为 CPU 插槽。

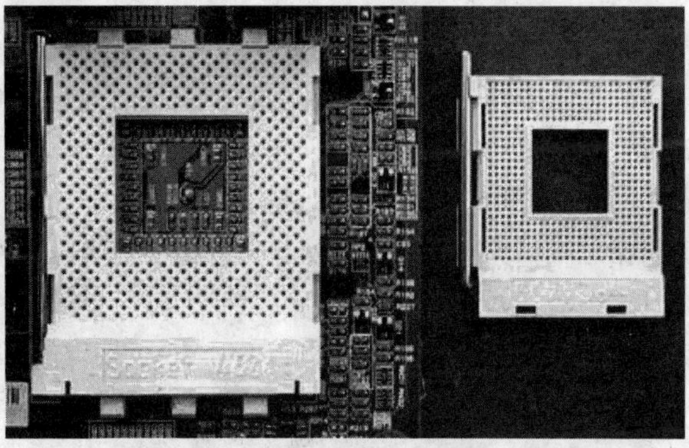

图 2-1-4

5）内存插槽

内存插槽是主板上用来安装内存的地方。目前常见的内存插槽为 SDRAM 内存槽、DDR 内存插槽。需要说明的是不同的内存插槽的引脚、电压、性能等不尽相同，不同类的内存在不同类的内存插槽上不能互换使用。对于 168 线的 SDRAM 内存和 184 线的 DDR SDRAM 内存，其主要外观区别在于 SDRAM 内存金手指上有两个缺口，而 DDR SDRAM 内存只有一个。图 2-1-5 所示为内存插槽。

6）PCI 插槽

PCI 总线插槽是由 Intel 公司推出的一种局部总线，定义了 32 位数据总线，且可扩展为 64 位。PCI 插槽为显卡、声卡、网卡、电视卡、MODEM 等设备提供了连接接口，它的基本工作频率为 33 MHz，最大传输速率可达 132 Mbit/s。图 2-1-6 所示为 PCI 插槽。

图 2-1-5

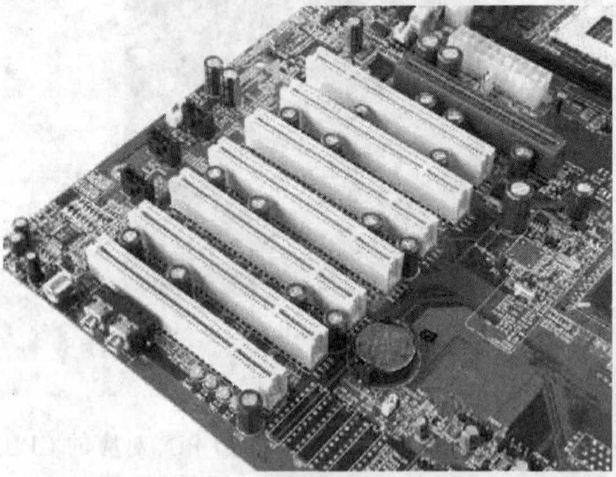

图 2-1-6

7）PCI-Express 插槽

PCI-Express 是新一代的总线接口，采用此类接口的显卡产品已经在 2004 年正式面世。PCI-E 接口类型显卡主要用来代替 AGP 接口类型的显卡，并逐渐成为主流，其数据传输速度比 AGP 有相当大的突破，也是现在选购计算机、主板的重要考虑因素。

PCI-Express 的接口根据总线位宽不同而有所差异，包括 1X、4X、8X 以及 16X（2X 模式将用于内部接口而非插槽模式）。较短的 PCI-E 卡可以插入较长的 PCI-Express 插槽中使用。PCI-Express 接口支持热拔插，用于取代 AGP 接口的 PCI-Express 接口位宽为 16X，能够提供上行、下行 2X 4 Gbit/s 的带宽，远远超过 AGP 8X 的 2.1 Gbit/s 的带宽。图 2-1-7 所示为 PCI-Express 插槽。

图 2-1-7

8）ATA 接口

ATA 接口用来连接磁盘和光驱等设备。主流的 IDE 接口有 ATA33/66/100/133，ATA33 又称为 Ultra DMA/33，它是一种由 Intel 公司制定的同步 DMA 协定，传统的 IDE 传输使用数据触发信号的单边来传输数据，而 Ultra DMA 在传输数据时使用数据触发信号的两边，因此具备 33 Mbit/s 的数据传输速度。

ATA66/100/133 是在 UltraDMA/33 的基础上发展起来的，它们的数据传输速度可分别达到 66 Mbit/s、100 Mbit/s 和 133 Mbit/s。要想达到 66 Mbit/s 左右的速度，除了主板芯片组的支持外，还要使用一根 ATA66/100 专用 40 PIN 的 80 线的专用 EIDE 排线。图 2-1-8 所示为 IDE 接口。

图 2-1-8

现在很多新型主板如 I865 系列等都提供了一种 Serial ATA 即串行 ATA 插槽，它是一种完全不同于并行 ATA 的新型磁盘接口类型，用来支持 SATA 接口的磁盘，其数据传输率可达 150 Mbit/s。图 2-1-9 所示为 SATA 接口。

图 2-1-9

9）USB 接口

USB 是英文 Universal Serial BUS（通用串行总线）的缩写，是一个外部总线标准，用于规范计算机与外围设备的连接和通信。是应用在 PC 领域的接口技术。USB 接口支持设备的即插即用和热插拔功能，如图 2-1-10 所示。

图 2-1-10

10）电源插口及主板供电部分

电源插座主要有 AT 电源插座和 ATX 电源插座两种，有的主板上同时具备这两种插座。AT 插座应用已久现已淘汰。而 20 口的 ATX 电源插座，采用了防插反设计，不会像 AT 电源一样因为插反而烧坏主板。在电源插座附近一般还有主板的供电及稳压电路，如图 2-1-11 所示。

主板的供电及稳压电路也是主板的重要组成部分，一般由电容器、稳压块或三极管场效应管、滤波线圈、稳压控制集成电路块等元器件组成。此外，P4 主板上一般还有一个 4 口专用 12V 电源插座，如图 2-1-12 所示。

图 2-1-11

图 2-1-12

11）BIOS 及电池

BIOS 基本输入/输出系统是一块装入了启动和自检程序的 EPROM 或 EEPROM 集成块。实际上它是被固化在计算机 ROM（只读存储器）芯片上的一组程序，为计算机提供最低级的、最直接的硬件控制与支持。在 BIOS 芯片附近一般还有一块电池组件，它为 BIOS 提供启动时需要的电源，如图 2-1-13 所示。

图 2-1-13

主板上的 ROM BIOS 芯片是主板上唯一贴有标签的芯片，上面一般印有 BIOS 字样。

12）外部接口

ATX 主板的外部接口都统一集成在主板后半部。现在的主板一般都符合 PC’99 规范，也就是用不同的颜色表示不同的接口。一般键盘和鼠标都是采用 PS/2 圆口，键盘接口一般为蓝色，鼠标接口一般为绿色，便于区别。USB 接口为扁平状，可接 MODEM、光驱、扫描仪等 USB 接口的外设。而串口可连接 MODEM 和方口鼠标等，并口一般连接打印机，如图 2-1-14 所示。

13）主板上的其他主要芯片

（1）AC’97 声卡芯片。AC'97 的全称是 AudioCODEC’97，这是一个由 Intel、Yamaha 等多家厂商联合研发并制定的一个音频电路系统标准。主板上集成的 AC’97 声卡芯片主要分为软声卡和硬声卡芯片两种。所谓的 AC’97 软声卡，就是在主板上集成了数字模拟信号转换芯片（如 ALC201、ALC650、 AD1885 等），而真正的声卡被集成到北桥中，这样会稍微加重 CPU 的工作负担。

所谓的 AC’97 硬声卡，是在主板上集成了一个声卡芯片（如创新 CT5880 和支持 6 声道的 CMI8738 等），这个声卡芯片提供了独立的声音处理，最终输出模拟的声音信号。这种硬件声卡芯片比软声卡在成本上相对贵一些，但对 CPU 的占用却很小。

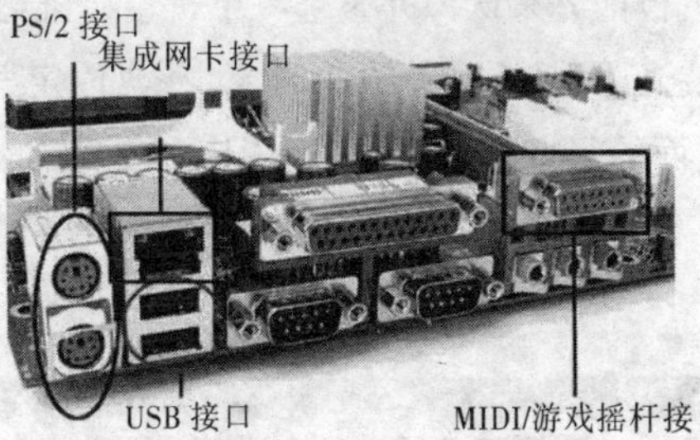

图 2-1-14

（2）网卡芯片。现在很多主板都集成了网卡。在主板上常见的整合网卡所选择的芯片主要有 10/100 Mb 的 RealTek 公司的 8100（8139C/8139D 芯片）系列芯片以及威盛网卡芯片等。除此而外，一些中高端主板还另外载有 Intel、3COM、Alten 和 Broadcom 的千兆网卡芯片等，如 Intel 的 i82547EI、3COM 3C940 等。

2．主板的安装

1）组装前的准备工作

（1）工具准备。常言道“工欲善其事，必先利其器”，只有用合适的工具，才会让组装变得轻松。主要工具有：一字型和十字型螺钉旋具、尖嘴钳、镊子、散热硅脂等，如图 2-1-15 所示。

（2）装机注意事项：

① 防止静电。穿着的衣物会相互摩擦，很容易产生静电。如果不除掉静电，可能会带来麻烦，所以装机或拿板卡前一定要洗洗手或触摸接地导体。

② 防止液体进入计算机内部。在装机时，一定要严禁液体进入计算机主机箱内部，因为这些液体可能会造成短路而使器件损坏。

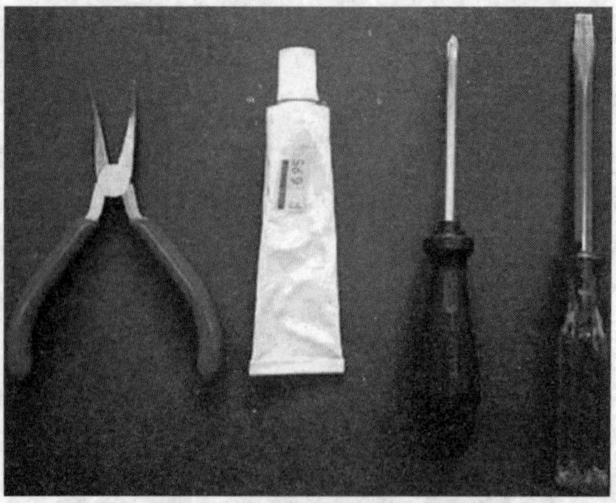

图 2-1-15

③ 使用正确的安装方法。在装机过程中必须注意安装方法，对不明白的地方要认真查看说明书，不要粗暴安装，用力不当就可能导致引脚折断或变形。对于组装后位置不合适的设备不可以强行固定，因为这样容易使板卡变形，容易发生断裂或接触不良的情况。

（3）整理机箱。在安装主板前先来认识并整理一下机箱，机箱的整个机架由金属组成。其中5.25 英寸光驱固定架可以安装光驱、刻录机等，3.5 英寸磁盘固定架可以安装软驱、硬盘等，电源固定架用来固定电源；底板上面的很多固定孔用来上铜柱或塑料钉来固定主板。主板上一般有 5～7 个固定孔，要选择合适的孔与主板匹配，选好以后，把固定螺钉旋紧在底板上，如图 2-1-16 和图 2-1-17 所示。

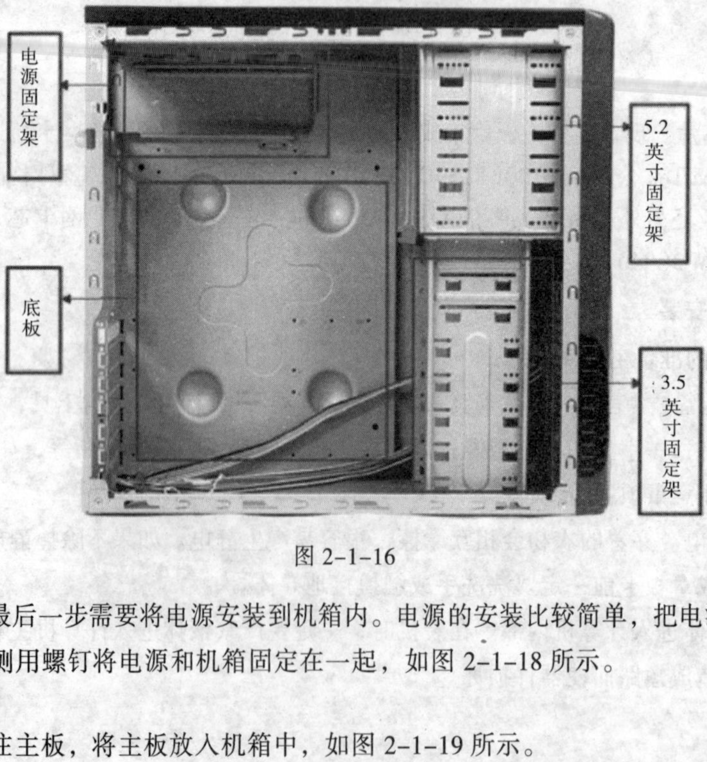

图 2-1-16

整理机箱的最后一步需要将电源安装到机箱内。电源的安装比较简单，把电源放到电源固定架上，从机箱后侧用螺钉将电源和机箱固定在一起，如图 2-1-18 所示。

2）安装主板

（1）平行托住主板，将主板放入机箱中，如图 2-1-19 所示。

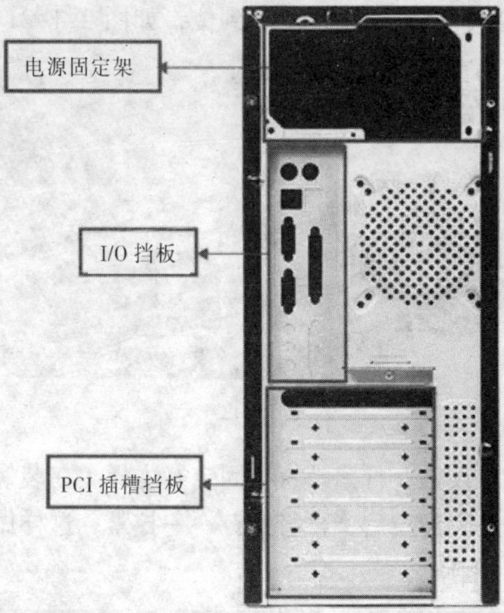

图 2–1–17

图 2–1–18

图 2–1–19

（2）安装机箱后的挡片。机箱后面的挡片也就是机箱后面的板卡口，主板的键盘口、鼠标口、串并口、USB 接口等都要从这个挡片上的孔与外设连接，如图 2–1–20 所示。

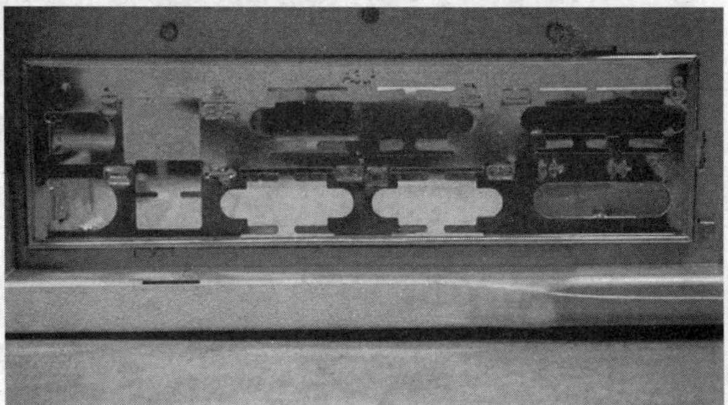

图 2–1–20

（3）将主板 I/O 接口对准，以确定主板安装到位，如图 2–1–21 所示。

图 2–1–21

（4）将主板固定孔对准螺纹柱，拧紧螺钉，固定好主板（在装螺钉时，注意不要一次就将每颗螺钉拧紧，要等所有螺钉安装到位后，再将螺钉一一拧紧，这样做是为了随时可以对主板的位置进行调整），如图 2–1–22 所示。

图 2–1–22

到此，主板安装完毕。

项目练习

（1）根据下面的主板图指出对应项的名称。

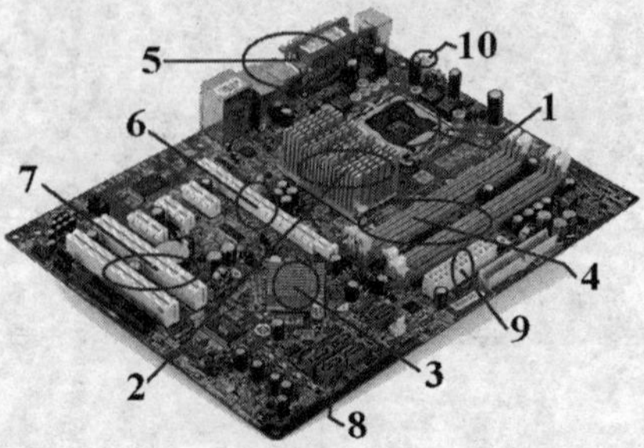

（2）通过网站和市场了解现在主流的主板型号。

（3）对主板进行熟练的安装。

任务二　安装 CPU

课堂任务

认识中央处理器，了解中央处理器的构成与作用以及中央处理器的性能指标；使用安装工具将 CPU 正确安装到主板上。

知识要点

（1）中央处理器的作用。
（2）安装 CPU 的正确方法。

课程内容

1. 中央处理器的理论知识

1）中央处理器的构成

中央处理器又叫 CPU，是英文 Central Processing Unit 的缩写，也可以称其为中央处理单元或微处理器。CPU 是计算机中的核心配件，只有火柴盒那么大，几十张纸那么厚，但它却是一台计算机的运算核心和控制核心。

计算机中所有操作都由 CPU 负责读取指令，对指令译码并执行指令。

中央处理器 CPU 包括运算逻辑部件、寄存器部件和控制部件 3 个部件。它从存储器或高速缓冲存储器中取出指令，放入指令寄存器并对指令译码，把指令分解成一系列的二进制代码，然后发出各种控制命令，执行二进制代码系列，从而完成一条指令的执行。图 2–2–1 所示为中央处理器。

图 2–2–1

2）中央处理器的性能指标

（1）主频。主频也叫时钟频率，单位是 MHz（或 GHz），用来表示 CPU 的运算、处理数据的速度。CPU 的主频=外频×倍频系数。主频和实际的运算速度有关，但它仅仅是 CPU 性能表现的一个方面，而不代表 CPU 的整体性能。很多人认为主频决定 CPU 的运行速度，其实这种想法是片面的，同时对于服务器来讲，此认识也存在偏差。

（2）外频。外频是 CPU 的基准频率，单位是 MHz。CPU 的外频决定整块主板的运行速度。

（3）前端总线（FSB）频率。前端总线（FSB）频率（即总线频率）直接影响 CPU 与内存的直接数据交换速度，可通过一条公式可以计算，即数据带宽=(总线频率×数据位宽)/8，数据传输最大带宽取决于所有同时传输的数据的宽度和传输频率。比如，现在支持 64 位的至强处理器（Nocona），前端总线是 800 MHz，按照公式，它的数据传输最大带宽是 6.4 Gbit/s。

（4）位和字长。

① 位：在数字电路和计算机技术中采用二进制，代码只有 0 和 1，无论是 0 还是 1，在 CPU 中都是 1 位。

② 字长：计算机技术中对 CPU 在单位时间内（同一时间）能一次处理的二进制数的位数叫做字长。所以能处理字长为 8 位数据的 CPU 通常就叫 8 位的 CPU。同理 32 位的 CPU 就能在单位时间内处理字长为 32 位的二进制数据。由于常用的英文字符用 8 位二进制就可以表示，所以通常就将 8 位称为 1 字节（1B）。字长的长度是不固定的，对于不同的 CPU、字长的长度也不一样。8 位的 CPU 一次只能处理 1 字节，而 32 位的 CPU 一次就能处理 4 字节，同理字长为 64 位的 CPU 一次可以处理 8 字节。

（5）倍频系数。倍频系数是指 CPU 主频与外频之间的相对比例关系。在相同的外频下，倍频越高 CPU 的频率也越高。

（6）缓存。缓存是位于 CPU 与内存之间的临时存储器，它的容量比内存小，但交换速度快。在缓存中的数据是内存中的一小部分，是短时间内 CPU 即将访问的，当 CPU 调用大量数据时，就可避开内存直接从缓存中调用，从而加快读取速度。

随着 CPU 制造工艺的发展，二级缓存也能轻易地集成在 CPU 内核中，容量也在逐年提升。二级缓存是 CPU 性能表现的关键之一，在 CPU 核心不变的情况下，增加二级缓存容量能使性能大幅度提高。而同一核心的 CPU 高低端之分往往也是在二级缓存上有所差异，由此可见二级缓存对于 CPU 的重要性。

（7）CPU 扩展指令集。CPU 依靠指令来计算和控制系统，每款 CPU 在设计时就规定了一系列与其硬件电路相配合的指令系统。指令的强弱也是 CPU 的重要指标，指令集是提高微处理器效率的最有效工具之一。从具体运用来看，如 Intel 的 MMX（Multi Media Extended）、SSE、SSE2（Streaming-Single instruction multiple data-Extensions 2）、SEE3、SSE4 系列和 AMD 的 3DNow!等都是 CPU 的扩展指令集，分别增强了 CPU 的多媒体和 Internet 等的处理能力。通常会把 CPU 的扩展指令集称为“CPU 的指令集”。SSE3 指令集也是目前规模最小的指令集，此前 MMX 包含有 57 条命令，SSE 包含有 50 条命令，SSE2 包含有 144 条命令，SSE3 包含有 13 条命令。目前 SSE4 也是最先进的指令集，英特尔酷睿系列处理器已经支持 SSE4 指令集，AMD 会在未来双核处理器中加入对 SSE4 指令集的支持，全美达的处理器也将支持这一指令集。

（8）CPU 内核和 I/O 工作电压。从 586CPU 开始，CPU 的工作电压分为内核电压和 I/O 电压两种，通常 CPU 的核心电压小于等于 I/O 电压。其中内核电压的大小是根据 CPU 的生产工艺而定，一般制作工艺越小，内核工作电压越低；I/O 电压一般都在 1.6～5V。低电压能解决耗电过大和发热过高的问题。

（9）制造工艺。制造工艺的微米是指 IC 内电路与电路之间的距离。制造工艺的趋势是向密集度愈来愈高的方向发展，现在主要的有 180 nm（纳米）、130 nm、90 nm、65 nm、45 nm、32 nm，还有即将公布的 22 nm 的工艺。

2．CPU 的安装

在将主板装进机箱前最好先将 CPU 和内存安装好，以免将主板安装好后机箱内狭窄的空间影响 CPU 等的顺利安装。

1）安装 CPU（以 LGA 775 针接口为例）

图 2-2-2 所示为 CPU 的背面，图 2-2-3 所示为 CPU 的正面。

图 2-2-2

图 2-2-3

（1）稍用力向下压固定 CPU 的锁杆，同时用力向外推锁杆，使其脱离固定卡扣。然后将锁杆拉至与插座呈 90°的位置，如图 2-2-4 所示。

图 2-2-4

（2）将固定 CPU 的盖子与锁杆向相反方向拉起，观察 CPU 插座，如图 2-2-5 所示。

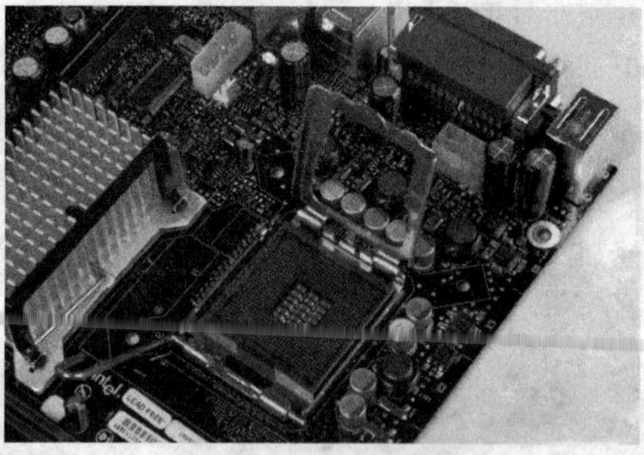

图 2-2-5

（3）将 CPU 上阵脚有缺针的金三角位置对准插座上的三角形标志，如图 2-2-6 所示。

图 2-2-6

（4）CPU 只能在方向正确的位置放入插座内，这时将盖子及锁杆还原至原位，如图 2-2-7 所示。

（5）在 CPU 的表面金属部分均匀涂上足够的硅脂，硅脂可有助于热量从处理器传导至散热装置上（注意现在很多散热器在购买时已经在底部与 CPU 接触的部分涂上了导热硅脂，这时就没有必要再在处理器上涂抹硅脂），如图 2-2-8 所示。

图 2-2-7

图 2-2-8

2）安装散热风扇（以 LGA 775 针接口风扇为例）

LGA 775 针接口 CPU 的散热风扇由以前的扣具设计改为了如今的四角固定设计，散热效果提高了很多，如图 2-2-9 所示。

图 2-2-9

（1）在主板上找到支撑风扇的位置。

（2）将散热风扇妥善安装在 CPU 顶部，然后用力压下四角扣具即可（有些散热器采用螺钉设计，在安装时注意先在主板上安放螺母），如图 2-2-10 所示。

（3）将散热风扇的电源插头正确连接到主板风扇接口处（一般主板上标志字符为 CPU_FAN），如图 2-2-11 所示。

图 2-2-10

图 2-2-11

到此，CPU 安装完毕。

项目练习

（1）中央处理器的主要性能指标是什么。

（2）通过网站和市场调查了解现在主流的 CPU 型号。

（3）对 CPU 进行熟练的安装。

任务三　安装内存

课堂任务

认识内存的构造，了解什么是内存，掌握 DDR 内存和内存的性能指标；将内存正确安装到主板上。

知识要点

（1）内存的性能指标。

（2）安装内存的正确方法。

课程内容

1. 内存的理论知识

内存是连接 CPU 和其他设备的通道，起到缓冲和数据交换的作用。内存是计算机中的主要部件，它是相对于外存而言的。我们平常使用的操作系统和应用软件，如 Windows XP 或 Windows 7 等系统、打字软件、游戏软件等，一般都安装在外存上，如果要使用它们，必须先把它们调入内存中运行。我们平时输入一段文字，或玩一个游戏，其实都是在内存中进行的。我们通常把要永久保存的、大量的数据存储在外存上，而把一些临时的或少量的数据和程序放在内存上，图 2-3-1 所示为内存。

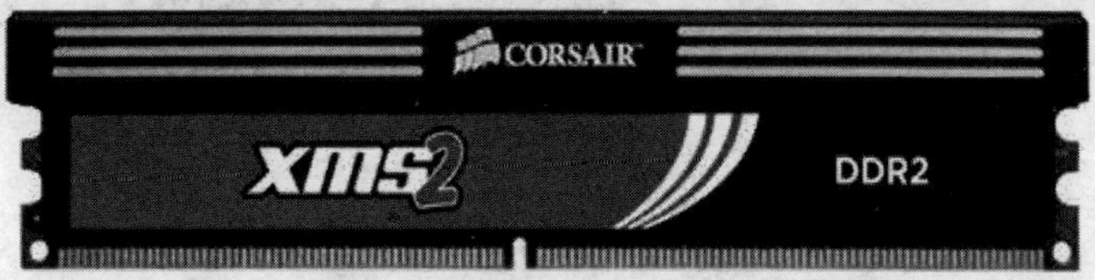

图 2-3-1

1）DDR 内存

DDR 全称是 DDR SDRAM（Double Data Rate SDRAM，双倍速率 SDRAM）。DDR SDRAM 最早由三星公司于 1996 年提出，由日本电气、三菱、富士通、东芝、日立、得州仪器、三星及现代等 8 家公司协议订立的内存规格，并得到了 AMD、VIA 与 SiS 等主要芯片组厂商的支持。DDR SDRAM 是 SDRAM 的升级版本，其最重要的改变是在界面数据传输上，在时钟信号的上升沿与下降沿均可进行数据处理，使数据传输率达到 SDR（Single Data Rate）SDRAM 的两倍。至今内存条已有 3 代，分别为：

（1）DDR 内存，DDR 的标称和 SDRAM 一样采用频率。现在 DDR 运行频率主要有 100 MHz、133 MHz、166 MHz 这 3 种，由于 DDR 内存具有双倍速率传输数据的特性，因此在 DDR 内存的标志采用了工作频率 ×2 的方法，也就是 DDR200、DDR266、DDR333 和 DDR400。

（2）DDR2 内存。它与上一代 DDR 内存技术标准最大的不同是，虽然都采用了在时钟的上升/下降沿同时进行数据传输的基本方式，但 DDR2 内存却拥有两倍于上一代 DDR 内存预读取能力（即 4bit 数据预读取）。换句话说，DDR2 内存每个时钟能够以 4 倍外部总线的速度读/写数据，并且能够以内部控制总线 4 倍的速度运行。

（3）DDR3 内存。采用了 ODT（核心整合终结器）技术以及用于优化性能的 EMRS 技术，同时也允许输入时钟异步。DDR3 内存采用了 0.08 μm 制造工艺制造，工作在 1.5 V 的电压下。

2）内存的性能指标

（1）存储容量：即一根内存可以容纳的二进制信息量，目前内存的存储容量一般多为 1 GB、2 GB。

（2）存取速度（存储周期）：即两次独立的存取操作之间所需的最短时间，又称为存储周期，一般的存取周期一般为 60 ns 至 100 ns。

（3）存储器的可靠性：存储器的可靠性用平均故障间隔时间来衡量，可以理解为两次故障之间的平均时间间隔。

2．安装内存

在内存成为影响整体系统速度的瓶颈时，内存双通道设计很大程度上解决了这一问题。目前在提供英特尔 64 位处理器支持的主板上均提供内存双通道功能，因此建议选购内存时尽量选择两根同规格的内存来搭建双通道，如图 2-3-2 所示。

图 2-3- 2

安装内存时，先用手将内存插槽两端的扣具向两边打开，然后将内存垂直放入内存插槽中（内存插槽也使用了防呆式设计，反方向无法插入，大家在安装时必须对应一下内存与插槽上的缺口），用两拇指垂直按住内存两端轻微向下压，听到“啪”的一声响后，说明内存安装到位，如图 2-3-3 所示。

图 2-3- 3

在相同颜色的内存插槽中插入两条规格相同的内存，即自动打开双通道功能，提高系统性能，如图 2-3-4 所示。

图 2-3- 4

至此，内存条安装完毕。

项目练习

（1）简述内存的性能指标。
（2）通过网站和市场调查了解现在主流的内存型号。
（3）对内存进行熟练的安装。

任务四　安 装 磁 盘

课堂任务

了解磁盘的内部结构和各部件作用，掌握磁盘的接口类型和主要技术指标；使用安装工具将磁盘正确安装到机箱内。

知识要点

（1）磁盘的接口类型。
（2）磁盘的技术指标。
（3）安装硬磁的正确方法。

操作步骤

1. 磁盘的理论知识

磁盘，英文名为 Hard Disc Drive，简称 HDD，是计算机主要的存储媒介之一，由一个或多个盘基为铝制或者玻璃制的盘片组成，盘片外覆盖有铁磁性材料。绝大多数磁盘都是固定磁盘，被永久性地密封固定在磁盘驱动器中。

1）磁盘的内部结构

磁盘主要由浮动磁头组件、磁头驱动机构、盘片、盘片主轴驱动、前置读写控制电子线路 5 个部分组成，如图 2-4-1 所示。

图 2-4-1

（1）浮动磁头组件。是磁盘中最精密的部件之一，由磁头、传动手臂和传动轴3部分组成。磁头是磁盘技术中最重要、最关键的一环，它类似于“笔尖”。磁盘磁头采用非接触式头、盘结构，它的磁头是悬在盘片上方的，加电后可在高速旋转的盘片表面移动，与盘片的间隙只有0.08～0.3 μm。磁盘磁头其实是集成工艺制造的多个磁头的组合，每张盘片的上下方都各有一个磁头。磁头不能接触高速旋转的磁盘盘片，否则会破坏盘片表面的磁性介质而导致磁盘数据丢失和磁头损坏，因此磁盘工作时不要搬运主机。

（2）磁头驱动机构。磁盘磁头驱动机构由音圈电动机和磁头驱动小车组成，能对磁头进行正确的驱动和定位，并在短时间内精确定位于系统指令指定的磁道，保证数据读写的可靠性。

（3）盘片。盘片是磁盘存储数据的载体，一般采用金属薄膜磁盘，记录密度高。磁盘盘片通常由一张或多张盘片叠放组成。

（4）盘片主轴驱动。盘片主轴驱动机构由轴承和电动机等组成。磁盘工作时，通过电动机的转动将盘片上用户需要的数据所在的扇区转动到磁头下方供磁头读取。电动机转速越快，用户存取数据的时间就越短，从这个意义上讲，电动机的转速在很大程度上决定了磁盘最终的速度。我们常说的 5400 转、7200 转就是指磁盘电动机的转速（转/秒）。轴承是用来把多个盘片串起来固定的装置。

（5）前置读写控制电子线路。用来控制磁头感应的信号、主轴电动机调速、磁头驱动和定位等操作。

2）磁盘接口

（1）IDE。IDE 的英文全称为 Integrated Drive Electronics，即电子集成驱动器，俗称 PATA 并口。

（2）SATA。使用 SATA 口的磁盘又叫串口磁盘，是现在 PC 磁盘的趋势。串行接口磁盘具有传输速度快、结构简单、支持热插拔的优点。

（3）SATA II。SATA II 是在 SATA 的基础上发展起来的，其主要特征是外部数据传输率从 SATA 的 150 Mbit/s 进一步提高到了 300 Mbit/s。

（4）SCSI。SCSI 的英文全称为 Small Computer System Interface 即为小型计算机系统接口，是同 IDE（ATA）完全不同的接口，IDE 接口是普通 PC 的标准接口，而 SCSI 并不是专门为磁盘设计的接口，是一种广泛应用于小型机上的高速数据传输技术。SCSI 接口具有应用范围广、多任务、带宽大、CPU 占用率低，以及热插拔等优点，但较高的价格使得它很难像 IDE 磁盘那样被广泛普及，因此 SCSI 磁盘主要应用于中、高端服务器和高档工作站中。

3）磁盘的技术指标

（1）容量。作为计算机系统的数据存储器，容量是磁盘最主要的参数。磁盘的容量通常以兆字节（MB）或吉字节（GB）为单位，1 GB=1 024 MB。但磁盘厂商在标称磁盘容量时通常取 1 GB=1 000 MB，因此我们在 BIOS 中或在格式化磁盘时看到的容量会比厂家的标称值要小。磁盘的容量指标还包括磁盘的单片容量。所谓单片容量是指磁盘单片盘的容量，单片容量越大，单位成本越低，平均访问时间也越短。近几年主流磁盘是 500 GB，而 1 TB 以上的大容量磁盘亦已开始逐渐普及。

（2）转速。转速是磁盘内电动机主轴的旋转速度，也就是磁盘盘片在 1 min 内所能完成的最大转数。转速的快慢是标示磁盘档次的重要参数之一，也是决定磁盘内部数据传输率的关键因素之一，它在很大程度上直接影响到磁盘的速度。磁盘的转速越快，磁盘寻找文件的速度也就越快，相对的磁盘的传输速度也就越快。磁盘转速以每分钟多少转来表示，单位表示为 r/min。磁盘转速越高，内部数据传输率就越快，访问时间就越短，磁盘的整体性能也就越好。家用普通磁盘的转速一般有 5400 r/min、7200 r/min 两种。

（3）平均访问时间。平均访问时间是指磁头从起始位置到达目标磁道位置，且从目标磁道上找到要读写的数据扇区所需的时间。平均访问时间体现了磁盘的读写速度，包括磁盘的寻道时间和等待时间，即平均访问时间=平均寻道时间+平均等待时间。磁盘的平均寻道时间是指磁盘的磁头移动到盘面指定磁道所需的时间。这个时间越小越好，目前磁盘的平均寻道时间通常在 8 ms 到 12 ms 之间，而 SCSI 磁盘则应小于或等于 8 ms。磁盘的等待时间又叫潜伏期，是指磁头已处于要访问的磁道，等待所要访问的扇区旋转至磁头下方的时间。平均等待时间为盘片旋转一周所需的时间的一半，一般应在 4 ms 以下。

（4）传输速率。磁盘的数据传输率是指磁盘读写数据的速度，单位为兆字节每秒（Mbit/s）。磁盘数据传输率又包括了内部数据传输率和外部数据传输率。内部传输率也称为持续传输率，它反映了磁盘缓冲区未用时的性能。内部传输率主要依赖于磁盘的旋转速度。外部传输率也称为突发数据传输率或接口传输率，它标称的是系统总线与磁盘缓冲区之间的数据传输率，外部数据传输率与磁盘接口类型和磁盘缓存的大小有关。

（5）缓存是磁盘控制器上的一块内存芯片，具有极快的存取速度，它是磁盘内部存储和外界接口之间的缓冲器。缓存的大小与速度是直接关系到磁盘的传输速度的重要因素，能够大幅度地提高磁盘整体性能。

2．磁盘的安装

（1）单手捏住磁盘，对准安装插槽后，将磁盘往里推，如图 2-4-2 所示。

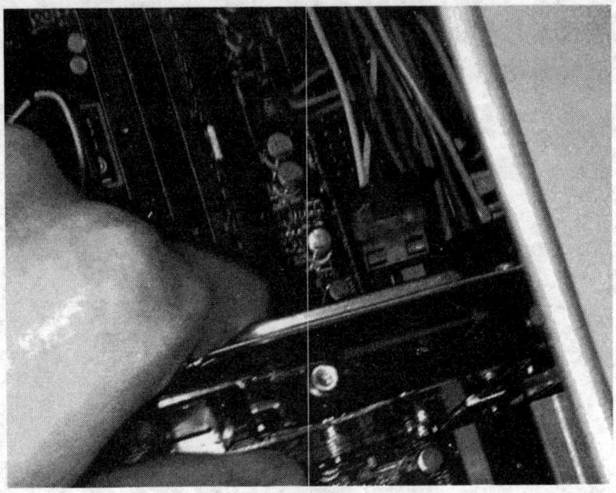

图 2-4-2

（2）直到磁盘的 4 个螺钉孔与磁盘架上的螺钉孔对齐为止（注意，磁盘接口方向对向机箱主板位置），如图 2-4-3 所示。

（3）使用螺钉将磁盘固定到磁盘安装槽中，以使磁盘能够稳定运作，如图 2-4-4 所示。

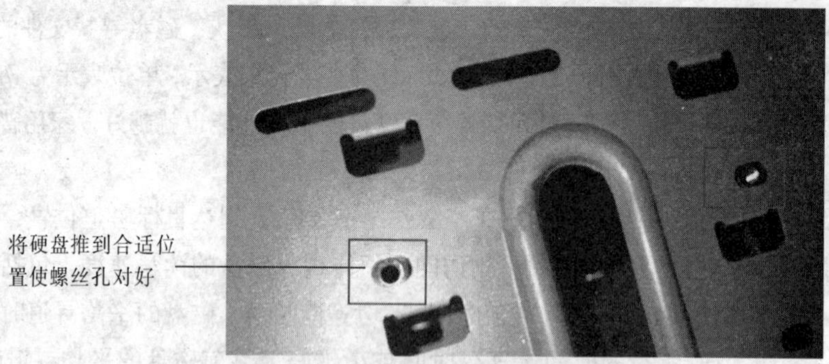

图 2-4-3

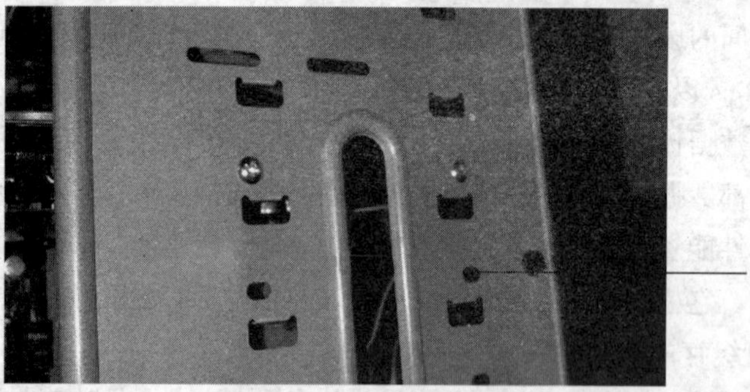

图 2-4-4

（4）将磁盘的数据线和电源线接到磁盘上，完成对磁盘的安装。

项目练习

（1）简述磁盘主要的技术指标。

（2）通过网站和市场调查了解现在主流的磁盘型号。

（3）对磁盘进行熟练的安装。

任务五　安装光盘驱动器

课堂任务

了解现在主流的光盘驱动器，掌握光盘驱动器的性能指标和工作原理；使用安装工具将光盘驱动器正确安装到机箱内。

知识要点

（1）光盘驱动器的分类。

（2）光盘驱动器的性能指标。

（3）光盘驱动器的选购。

（4）安装光盘驱动器的正确方法。

课程内容

1. 光盘驱动器的理论知识

光盘驱动器即是我们平常所说的光驱，是一种读取光盘信息的设备。因为光盘存储容量大，价格便宜，保存时间长，适宜保存大量的数据，如声音、图像、动画、视频信息、电影等多媒体信息，所以光驱是多媒体电脑不可缺少的硬件配置。图 2-5-1 所示为光盘驱动器。

图 2-5-1

1）光盘驱动器的分类

（1）CD-ROM，又称为致密盘只读存储器，是一种只读的光存储介质。它是利用原本用于音频 CD 的 CD-DA（Digital Audio）格式发展起来的。其他的格式，如 CD-R（CD-Recordable）和 CD-RW（CD-ReWritable）则使光盘增加了可写入的能力。长久以来，CD-ROM 驱动器一直都被认为是大多计算机的标准设备，容量一般为 700 MB。

（2）DVD-ROM，目前称为 Digital Versatile Disc，即数字多用途光盘，是 CD/LD/VCD/EVD 的后继产品。DVD-ROM 驱动器的定义与 CD-ROM 驱动器相同，以单倍速 DVD-ROM 驱动器为例，它的数据传输率为 1350 Kbit/s，是单倍速 CD-ROM 驱动器 150 Kbit/s 的 9 倍。现在 DVD-Rom 已经取代 CD-ROM 成为计算机的主流光驱，盘片容量一般为单面 4.7 GB。

（3）蓝光光驱，蓝光（Blu-ray）利用波长较短（405 nm）的蓝色激光读取和写入数据，并因此而得名。而传统 DVD 需要光头发出红色激光（波长为 650 nm）来读取或写入数据，通常来说波长越短的激光，能够在单位面积上记录或读取更多的信息。因此，蓝光极大地提高了光盘的存储容量，目前为止，蓝光是最先进的大容量光盘格式，能够在一张单碟上存储 25 GB 的文档文件，是现有单碟 DVD 的 5 倍。在速度上，蓝光允许 1～2 倍或者说每秒 4.5～9 MB 的记录速度。

2）光盘驱动器的技术指标

（1）数据传输率。即常说的倍速，它是衡量光驱性能的最基本指标。单倍速光驱就是指每秒可从光驱存取 150 KB 数据的光驱，现已淘汰，24 或 32 倍速光驱每秒钟能读取 3 600 KB 和 4 800 KB 的数据。

（2）平均寻道时间。平均寻道时间是指激光头（光驱中用于读取数据的一个装置）从原来位置移到新位置并开始读取数据所花费的平均时间，显然，平均寻道时间越短，光驱的性能就越好。

（3）CPU 占用时间。CPU 占用时间是指光驱在维持一定的转速和数据传输率时所占用 CPU 的时间，也是衡量光驱性能好坏的一个重要指标。CPU 占用时间越少，其整体性能就越好。

（4）数据缓冲区。数据缓冲区是光驱内部的存储区。它能减少读盘次数，提高数据传输率。现在大多数光驱的缓冲区为 128 KB 或 256 KB，这是购买光驱时最需要考虑的因素。

3）光驱的工作原理

激光头是光驱的中心部件，光驱都是通过它来读取数据的。光驱在读取信息时，激光头会向光盘发出激光束，当激光束照射到光盘的凹面或非凹面时，反射光束的强弱会发生变化，光驱就根据反射光束的强弱，把光盘上的信息还原成数字信息，即 0 或 1，再通过相应的控制系统，把数据传给计算机。

4）光驱选购时的注意事项

（1）接口类型。光驱常见接口有 IDE、EIDE 和 SCSI 几种。如果没有特殊要求，选择价格便宜的 IDE 或 EIDE 接口光驱即可，因为 SCSI 接口的光驱还要配备一块相应的 SCSI 卡。

（2）数据传输率的高低。光驱的数据传输率越高越好。

（3）数据缓冲区的大小。缓冲区通常为 128 KB 或 256 KB，一般建议选择缓冲区不少于 128 KB 的光驱。

（4）兼容性的好坏。由于产地不同，各种光驱的兼容性差别很大，有些光驱在读取质量不太好的光盘时很容易出错，这会带来很大的麻烦，所以，一定要选兼容性好的光驱。

2. 光盘驱动器的安装

（1）先拆除机箱前方 5.25 英寸的挡片，如图 2-5-2 所示。

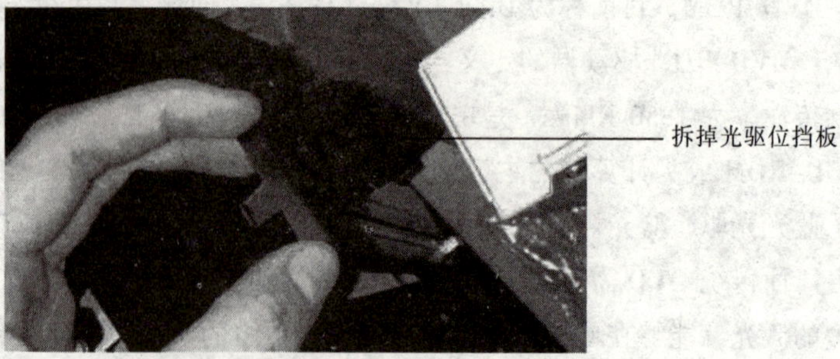

图 2-5-2

（2）注意不要由里往外推，因为很多光驱都是前端比较大，很容易直接卡在机箱里面，如图 2-5-3 所示。

图 2-5-3

（3）使用螺钉旋具将光驱固定到光驱安装槽中，以使光驱能够稳定运作，如图 2-5-4 所示。

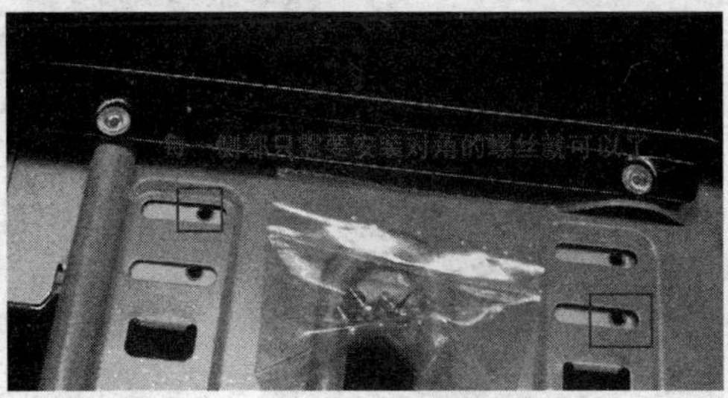

图 2-5-4

将光驱的数据线和电源线接到光驱上，完成对光驱的安装。

项目练习

（1）简述光盘驱动器的分类与各自的特点。

（2）通过网站和市场调查了解现在主流的光驱型号。

（3）对光盘驱动器进行熟练的安装。

任务六　安 装 显 卡

课堂任务

了解显卡的作用、结构，掌握集成显卡与独立显卡各自的优缺点；使用安装工具将显卡正确安装到机箱内。

知识要点

（1）集成显卡。

（2）独立显卡。

（3）安装显卡。

课程内容

1. 显卡的理论知识

显卡（见图 2-6-1）是个人计算机最基本的组成部分之一。显卡的用途是将计算机系统所需要的显示信息进行转换，并向显示器提供行扫描信号，控制显示器的正确显示。显卡是连接显示器和个人计算机主板的重要组件，是人机对话的重要设备之一。

图 2-6-1

1）显卡的基本结构

（1）GPU。全称是 Graphic Processing Unit，即图形处理器。GPU 使显卡减少了对 CPU 的依赖，并进行部分原本 CPU 的工作，尤其是在 3D 图形处理时。

（2）显存。显示内存的简称，其主要功能是暂时储存显示芯片要处理的数据和处理完毕的数据。图形核心的性能愈强，需要的显存也就越多。以前的显存主要是 SDR 规格的，容量也不大。而现在市面上基本采用的都是 DDR3 规格的，在某些高端卡上更是采用了性能更为出色的 DDR4 或 DDR5 代内存。

（3）显卡 BIOS。显卡 BIOS 主要用于存放显示芯片与驱动程序之间的控制程序，以及显示卡的型号、规格、生产厂家及出厂时间等信息。打开计算机时，通过显示 BIOS 内的一段控制程序，将这些信息反馈到屏幕上。早期显示 BIOS 是固化在 ROM 中的，不可以修改，而现在的多数显卡则采用了大容量的 EPROM，即所谓的 Flash BIOS，可以通过专用的程序进行改写或升级。

（4）显卡 PCB。即显卡的电路板，把显卡上的其他部件连接起来，功能类似主板。

2）显卡的分类

（1）集成显卡。集成显卡是将显示芯片、显存及其相关电路都做在主板上，与主板融为一体。集成显卡的显示芯片有单独的，但现在大部分都集成在主板的北桥芯片中。一些主板集成的显卡也在主板上单独安装了显存，但其容量较小。集成显卡的显示效果与处理性能相对较弱，不能对显卡进行硬件升级，但可以通过 CMOS 调节频率或刷入新 BIOS 文件实现软件升级来挖掘显示芯片的潜能。集成显卡的优点是功耗低、发热量小，部分集成显卡的性能已经可以媲美入门级的独立显卡，所以不用花费额外的资金购买显卡。图 2-6-2 所示为主板集成显卡的对外接口。

图 2-6-2

（2）独立显卡。独立显卡（见图 2-6-3）是指将显示芯片、显存及其相关电路单独做在一块电路板上，作为一块独立的板卡存在但需占用主板的扩展插槽（ISA、PCI、AGP 或 PCI-E）。独立显卡单独安装有显存，一般不占用系统内存，在技术上也较集成显卡先进得多，能够得到更好的显示效果和性能，也容易进行显卡的硬件升级。其缺点是系统功耗有所加大，发热量也较大，需额外花费购买显卡的资金。

图 2-6-3

2. 显卡的安装

目前，AGP 接口的显卡基本上见不到了，PCI-E 接口的显卡已经占领市场，因此在选择显卡时应首选 PCI-E 接口的显卡，如图 2-6-4 所示。

图 2-6-4

（1）安装显卡前，先将对应插槽的机箱挡板去掉，如图 2-6-5 所示。

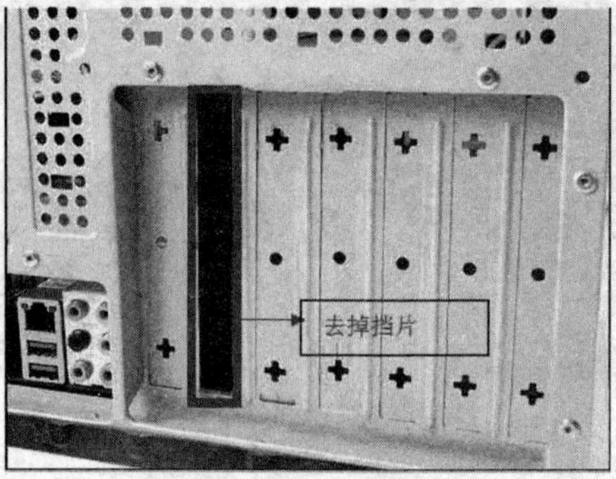

图 2-6-5

（2）用手轻捏显卡两端，垂直对准主板上的显卡插槽，向下轻压，到位后再用螺钉固定即完成了显卡的安装过程。现在主板都在 PCI-E 插槽的右边增加了一个塑料扣具，当显卡插入 PCI-E 插槽后，此扣具会自动扣住显卡接口上的凹型槽。因此安装显卡时，必须保证显卡的金手指完全与插槽相接触，让该扣具完全扣住显卡，如图 2-6-6 所示。

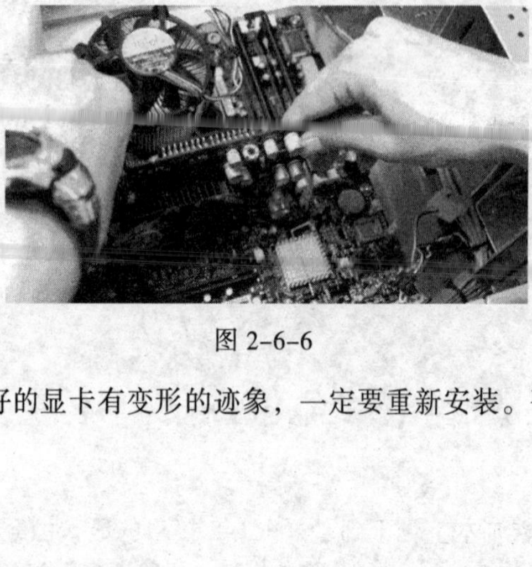

图 2-6-6

注意，如果发现固定好的显卡有变形的迹象，一定要重新安装。否则会影响系统的稳定。

至此，显卡安装完毕。

项目练习

（1）简述显卡的结构，谈谈显卡的分类及各自的优缺点。

（2）通过网站和市场调查了解现在主流的显卡型号。

（3）对显卡进行熟练的安装。

任务七　安 装 声 卡

课堂任务

了解声卡的作用，熟悉声卡的分类和对外的接口，掌握安装声卡的正确方法。

知识要点

（1）声卡的分类和对外接口。

（2）声卡的安装。

课程内容

1. 声卡的理论知识

声卡（见图 2-7-1）也叫音频卡，是多媒体技术中最基本的组成部分，是实现声波/数字信号相互转换的一种硬件。声卡的基本功能是把来自话筒、磁带、光盘的原始声音信号加以转换，输出到耳机、扬声器、扩音机、录音机等声响设备，或通过音乐设备数字接口（MIDI）使乐器发出美妙的声音。声卡是计算机进行声音处理的适配器，有 3 个基本功能：音乐合成发音功能，混音器（Mixer）功能和数字声音效果处理器（DSP）功能，模拟声音信号的输入和输出功能。声卡处理的声音信息在计算机中以文件的形式存储。声卡工作应有相应的软件支持，包括驱动程序、混频程序（mixer）和 CD 播放。

图 2-7-1

1）声卡的类型

声卡发展至今，主要分为板卡式、集成式和外置式 3 种接口类型，以适用不同用户的需求。3 种类型的产品各有优缺点。

（1）板卡式：板卡式产品是现今市场上的中坚力量，产品涵盖低、中、高各档次，售价从几十元至上千元不等。早期的板卡式产品多为 ISA 接口，由于此接口总线带宽较低、功能单一、占用系统资源过多，目前已被淘汰；PCI 取代了 ISA 接口成为目前的主流，它们拥有更好的性能及兼容性，支持即插即用，安装使用都很方便。

（2）集成式：此类产品集成在主板上，具有不占用 PCI 接口、成本更为低廉、兼容性更好等优势，能满足普通用户的绝大多数音频需求。而且集成声卡的技术也在不断进步，PCI 声卡具有多声道、低 CPU 占有率等优势也相继出现在集成声卡上，并由此占据了主导地位。

（3）外置式声卡：是一个新兴事物，通过 USB 接口与 PC 连接，具有使用方便、便于移动等优势。但该类产品主要应用于特殊环境，如连接笔记本式计算机实现更好的音质等。目前市场上的外置声卡并不多。

3 种类型的声卡中，集成式产品价格低廉，技术日趋成熟，占据了较大的市场份额，随着技术的进步，这类产品在中低端市场还拥有非常大的前景。PCI 声卡将继续成为中高端声卡领域的中坚力量，毕竟独立板卡在设计布线等方面具有的优势更适于音质的发挥。而外置式声卡的优势与成本对于家用计算机来说并不明显，仍是一个填补空缺的边缘产品。

2）声卡的对外接口

（1）线性输出端口（见图 2-7-2），标记为 Line Out，用于外接音箱功放或带功放的音箱。

（2）第二个线性输出端口，一般用于连接四声道以上的后端音箱。

（3）话筒输入端口（见图 2-7-2），标志为 Mic，用于连接话筒，可以将自己的歌声录下来。

（4）线性输入接口（见图 2-7-2），标志为 Line In。Line In 端口将品质较好的声音、音乐信号输入，通过计算机的控制将该信号录制成一个文件。通常该端口用于外接辅助音源，如影碟机、收音机、录像机及 VCD 回放卡的音频输出。

（5）扬声器输出端口，标记为 Speaker 或 SPK，用于插外接音箱的音频线插头。

（6）MIDI 及游戏摇杆接口（见图 2-7-3），标记为 MIDI，几乎所有的声卡上均带有一个游戏摇杆接口来配合模拟飞行、模拟驾驶等游戏软件。这个接口与 MIDI 乐器接口共用一个 15 针的 D 形连接器。该接口可以配接游戏摇杆、模拟方向盘，也可以连接电子乐器上的 MIDI 接口，实现 MIDI 音乐信号的直接传输。

图 2-7-2

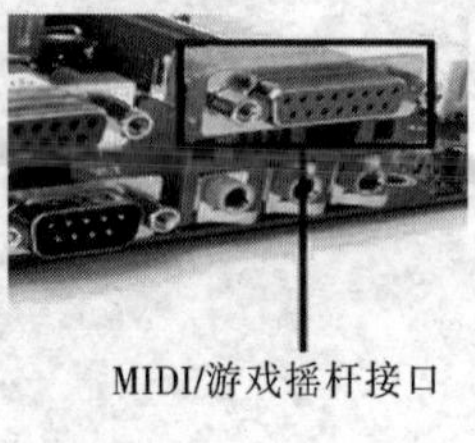

图 2-7-3

2. 声卡的安装

声卡的安装方法和显卡相同，但是插槽有所改变，需要插到 PCI 插槽中，如图 2-7-4 所示。

图 2-7-4

项目练习

（1）简述声卡 3 种类类型产品的优点。
（2）简述声卡对外接口的种类。
（3）对声卡进行熟练的安装。

任务八　安 装 网 卡

课堂任务

了解网卡的作用，熟悉网卡的功能和选购标准，掌握网卡的安装方法。

知识要点

（1）网卡的功能和选购标准。
（2）网卡的安装。

课程内容

1．网卡的理论知识

计算机与外界局域网的连接是通过主机箱内插入一块网络接口板。网络接口板又称为通信适配器或网络适配器（adapter）或网络接口卡 NIC（Network Interface Card），但是现在更多的人愿意使用更为简单的名称“网卡”，如图 2-8-1 所示。

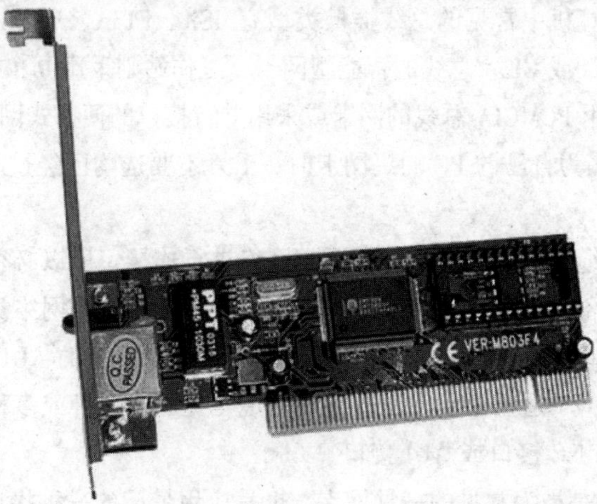

图 2-8-1

网卡上面装有处理器和存储器（包括 RAM 和 ROM）。网卡和局域网之间的通信是通过电缆或双绞线以串行传输方式进行的。而网卡和计算机之间的通信则是通过计算机主板上的 I/O 总线以并行方式进行传输。因此，网卡的一个重要功能就是要进行串行/并行转换。由于网络上的数据率和计算机总线上的数据率并不相同，因此在网卡中必须装有对数据进行缓存的存储芯片。

在安装网卡时必须将管理网卡的设备驱动程序安装在计算机的操作系统中，该驱动程序会网卡应当从存储器的什么位置上将局域网传送过来的数据块存储下来。网卡还要能够实现以太网协议。

随着集成度的不断提高，网卡上的芯片个数不断减少，虽然现在各个厂家生产的网卡种类繁多，但其功能大同小异。

1）网卡的主要功能

（1）数据的封装与解封。发送时将上一层交下来的数据加上首部和尾部，成为以太网的帧。接收时将以太网的帧剥去首部和尾部，然后送交上一层。

（2）链路管理。主要是 CSMA/CD（Carrier Sense Multiple Access with Collision Detection，带冲突检测的载波监听多路访问）协议的实现。

（3）编码与译码。即曼彻斯特编码与译码。

2）网卡的选购标准

在组装时是否能正确选用、连接和设置网卡，是能否正确连通网络的前提和必要条件。一般来说，在选购网卡时要考虑以下因素：

（1）网络类型。现在比较流行的有以太网，（令牌）环网、FDDI 网等网络，应根据网络的类型来选择相对应的网卡。

（2）传输速率。应根据服务器或工作站的带宽需求并结合物理传输介质所能提供的最大数据传输速率来选择网卡的传输速率。以以太网为例，可选择的速率就有 10 Mbit/s，10/100 Mbit/s，1 000 Mbit/s，甚至 10 Gbit/s 等多种，但不是速率越高就越合适。例如，为连接在只具备 100 Mbit/s 传输速度的双绞线上的计算机配置 1 000 Mbit/s 的网卡就是一种浪费，因为其至多也只能实现 100 Mbit/s 的传输速率。

（3）总线类型。计算机中常见的总线插槽类型有 ISA、EISA、VESA、PCI 和 PCMCIA 等。在服务器上通常使用 PCI 或 EISA 总线的智能型网卡，工作站则采用 PCI 或 ISA 总线的普通网卡，在笔记本式计算机上则用 PCMCIA 总线的网卡或采用并行接口的便携式网卡。目前 PC 基本上已不再支持 ISA 连接，所以当为自己的 PC 购买网卡时，千万不要选购已经过时的 ISA 网卡，而应选购 PCI 网卡。

（4）网卡支持的电缆接口。网卡最终是要与网络进行连接，所以必须有一个接口使网线通过它与其他计算机网络设备连接起来。不同的网络接口适用于不同的网络类型，目前常见的接口主要有以太网的 RJ-45 接口、细同轴电缆的 BNC 接口和粗同轴电缆的 AUI 接口、FDDI 接口、ATM 接口等。而且有的网卡为了适用于更广泛的应用环境，提供了两种或多种类型的接口，如有的网卡会同时提供 RJ-45、BNC 接口或 AUI 接口。

① RJ-45 接口：这是最为常见的一种网卡，也是应用最广的一种接口类型网卡，这主要得益于双绞线以太网应用的普及。因为这种 RJ-45 接口类型的网卡是应用于以双绞线为传输介质的以

太网中，接口类似于常见的电话接口 RJ-11，但 RJ-45 是 8 芯线，而电话线的接口是 4 芯的，通常只接 2 芯线（ISDN 的电话线接 4 芯线）。在网卡上还自带两个状态指示灯，通过这两个指示灯的颜色可初步判断网卡的工作状态。

② BNC 接口：应用于用细同轴电缆为传输介质的以太网或令牌网中，目前这种接口类型的网卡较少见，主要因为用细同轴电缆作为传输介质的网络就比较少。

③ AUI 接口：应用于以粗同轴电缆为传输介质的以太网或令牌网中，目前这种接口类型的网卡更是少见。

④ FDDI 接口：适应于 FDDI（光纤分布数据接口）网络中，这种网络具有 100 Mbit/s 的带宽，但它所使用的传输介质是光纤，所以这种 FDDI 接口网卡的接口也是光纤接口。随着快速以太网的出现，它的速度优越性已不复存在，但采用昂贵的光纤作为传输介质的缺点并没有改变，所以目前也非常少见。

⑤ ATM 接口：这种接口类型的网卡应用于 ATM（异步传输模式）光纤（或双绞线）网络中，它能提供物理的数据传输速度达 155 Mbit/s。

（5）价格与品牌。不同速率、不同品牌的网卡价格差别较大。

2. 网卡的安装

网上安装方法和显卡相同，但是插槽有所改变，需要插到 PCI 插槽中，如图 2-8-2 所示。

图 2-8-2

项目练习

（1）简述网卡的作用、功能和选购标准。

（2）对网卡进行熟练的安装。

任务九　连接驱动器的数据线和电源线

课堂任务

正确连接驱动器的数据线和电源线。

知识要点

（1）驱动器的数据线及电源线的连接。

（2）其他电源线的连接。

（3）机箱面板控制线的连接。

操作步骤

1. 驱动器数据线的连接

1）IDE 磁盘

IDE 接口磁盘一般就是俗称的并行规格的 PATA 磁盘，目前大多数台式存储系统采用的都是称为 Ultra-ATA 的并行总线接口磁盘产品。这样的规格技术是自 20 世纪 80 年代以来一直被应用在桌上型系统作为主流的内部储存互连技术，由于运用领域十分广泛且时间又较长，所以成熟的技术带来的是大规模集成制造的低成本和飞速发展的大容量。

所有的 IDE 磁盘都使用相同的 40 针 IDE 接口和 4 针的电源插座，如图 2-9-1 所示。

图 2-9-1

图 2-9-2 所示为磁盘所用的较大 D 形 4 针插头，接口全部采用防反式设计，反方向无法插入。

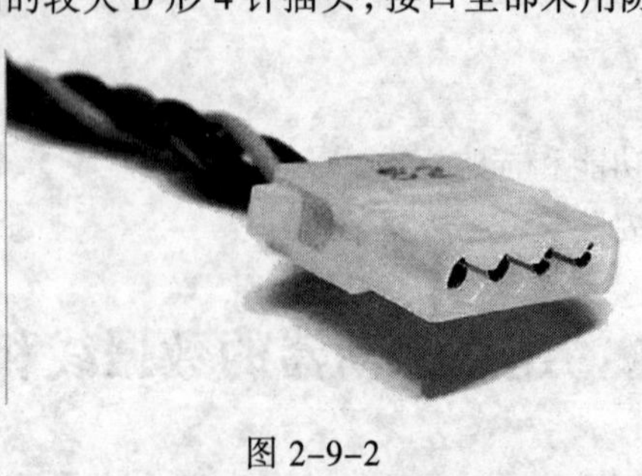

图 2-9-2

图 2-9-3 所示为 IDE 并行数据线，在安装 IDE 数据线时需要注意接头上的突起以及缺少的一个针孔，数据线的红色边缘总是靠近电源线。

图 2-9-3

每条 IDE 数据线可以连接 1～2 台设备，必须保证设备的主从状态与电缆上的主从接口保持正确的对应关系，否则很有可能导致设备不正常工作或无法发挥其性能，如图 2-9-4 所示。

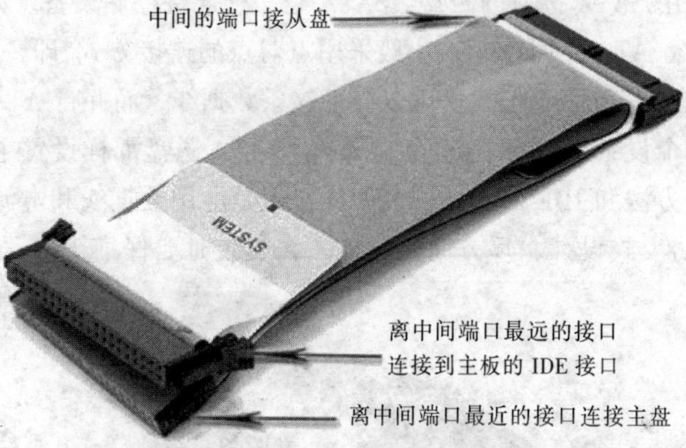

图 2-9-4

图 2-9-5 所示为主板所带的 IDE 接口。

图 2-9-5

安装时先将 IDE 线安装到磁盘的 IDE 接口上，然后再将其插到主板的 IDE 接口中，注意 IDE 线的防反插突块，最后再将电源上的扁平 4 针插头安插到磁盘的电源插座上即可。

2）光驱

光驱数据线的安装与 IDE 磁盘数据线的安装完全一样，均采用防反式设计，安装数据线时可以看到 IDE 数据线的一侧有一条蓝或红色的线，这条线位于电源接口一侧，如图 2-9-6 所示。

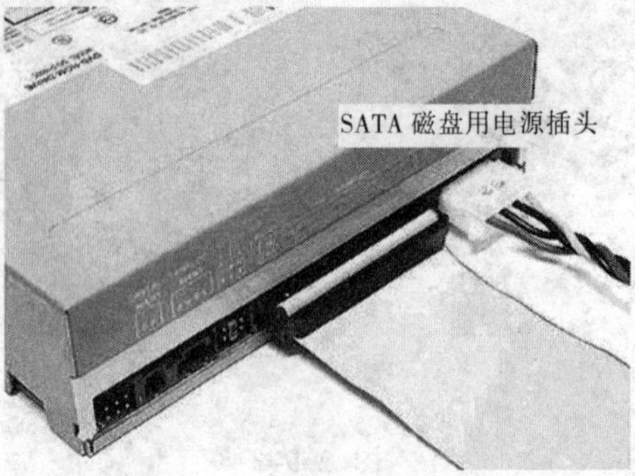

图 2-9-6

3）SATA 磁盘

SATA 磁盘即是使用 SATA 接口的磁盘。SATA 是一种连接存储设备（大多为磁盘）的串行总线，用于取代传统的并行 ATA 界面。SATA 一般采用点对点的连接方式，即一头连接主板上的 SATA 接口，另一头直接连磁盘，没有其他设备可以共享这条数据线，而并行 ATA 允许这种情况（每条数据线可以连接 1～2 个设备），因此也就无须像并行 ATA 磁盘那样设置主盘和从盘。

SATA 磁盘的安装方法和 IDE 磁盘的安装一样，但是所用数据线和电源接口与 IDE 磁盘都不相同，接口全部采用防反式设计，反方向无法插入，安装时要仔细辨认，如图 2-9-7 所示。

图 2-9-7

图 2-9-8 所示为 SATA 磁盘的电源插头。

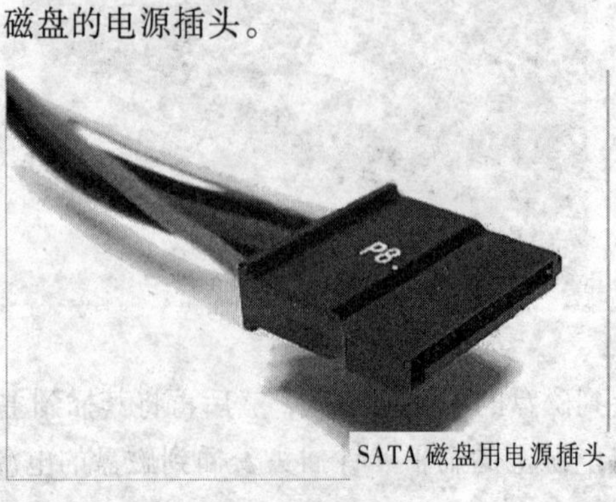

图 2-9-8

图 2-9-9 所示为主板上 SATA 的数据线插座。

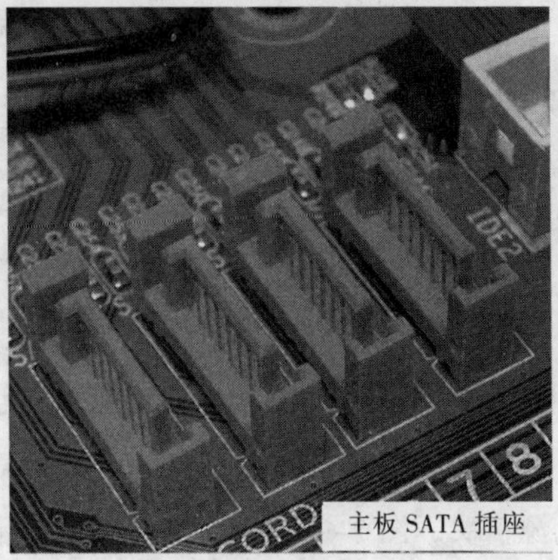

图 2-9-9

图 2-9-10 所示为 SATA 磁盘数据线和电源线连接完成后的效果。

图 2-9-10

2. 其他电源线的安装

1）主板供电接口

目前大部分主板采用了 24 针的供电电源设计，但仍有些主板为 20 针，购买主板时要注意，以便购买适合的电源。

图 2-9-11 所示为 24 针电源插头，对应插头和插座进行连接，插入时注意插头上的弹性塑料片和插座的凸起相对。

图 2-9-11

图 2-9-12 所示为主板 24 针插座。

图 2-9-12

图 2-9-13 所示为 20 针电源插头，图 2-9-14 所示为主板 20 针插座。

图 2-9-13

图 2-9-14

2）CPU 供电接口

大部分主板采用 4 针的加强供电接口设计，而高端主板都使用了 8 针的加强供电接口设计，以提供 CPU 稳定的电压供应。

图 2-9-15 所示为给 CPU 供电的 4 针和 8 针插头，对应插头和插座进行连接，插入时注意插头上的弹性塑料片和插座的凸起相对。

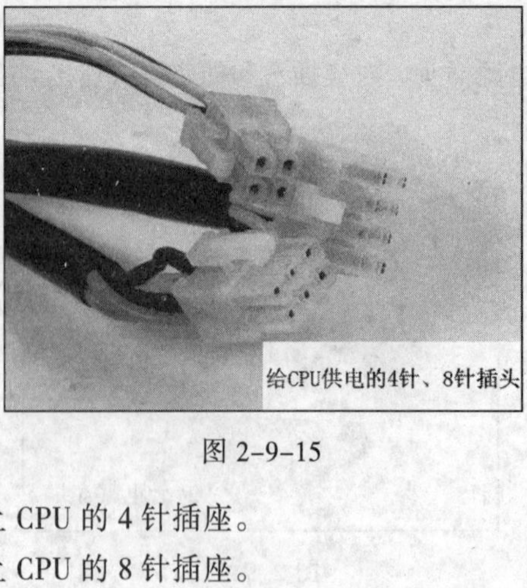

图 2-9-15

图 2-9-16 所示为主板上 CPU 的 4 针插座。

图 2-9-17 所示为主板上 CPU 的 8 针插座。

图 2-9-16

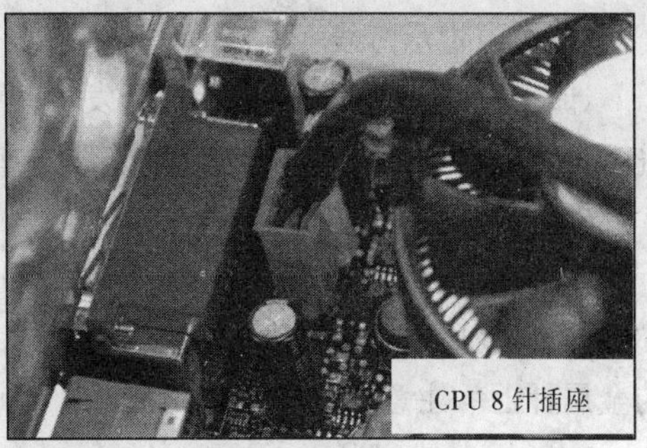

图 2-9-17

3．机箱面板控制线的安装

机箱面板的连接线插针一般都在主板左下端靠近边缘处，一般为双行插针，有 10 组左右，主要有电源开关、复位开关、电源指示灯、磁盘指示灯、扬声器等插针。每组插头和插针都有相同的英文标志，对应插入即可。

1）前置 USB 连线

机箱面板上大都提供了两个前置的 USB 接口，而 USB 连线起到连接前置 USB 接口和主板的作用。每组 USB 连线大多合并在一个插头内，找到主板上标注 USB1234 的接口，依照主板说明书上要求的顺序插入即可。图 2-9-18 所示为前置 USB 连线。

图 2-9-18

2）开机信号线

开机信号线由白色和朱红色的标注有 POWER SW 的两针接头组成，如图 2-9-19 所示，这组线连接的是开机按钮。需将这个接头插入主板机箱面板插线区中标注有 PWR 字符的金属针上即可开机。

3）重启信号线

重启信号线是标注有 RESET SW 的两针接头，如图 2-9-19 所示。它连接主机面板中的 Reset 按钮（重启按钮），这组接头的两根线分别为蓝色和白色，将其插到主板上标注了 Reset 的金属针上。

4）磁盘指示灯线

在读写磁盘时，磁盘灯会发出红色的光，以表示磁盘正在工作。而机箱面板连线中标注 HDD LED 的两针接头即为它的连线，如图 2-9-19 所示。将这两根红色和白色线绞在一起的接头与主板上标注 HDD LED 的金属针连接。

5）电源指示灯线

计算机开机后，电源指示灯会发出蓝色的光，表示计算机已经启动，机箱面板连线中标注 POWER LED 的两针接头即为它的连线，如图 2-9-19 所示。

6）机箱扬声器连线

机箱喇叭连线（作用是开机声音报警）最好认，标注为 SPEAKER，是几组线中最大最宽的，如图 2-9-19 所示。该接头为黑色和红色两根交叉线，将这个接头插入主板上标有 Speaker 或 SPK 的金属针上（注意红色的线接正极，即“+”插针）。

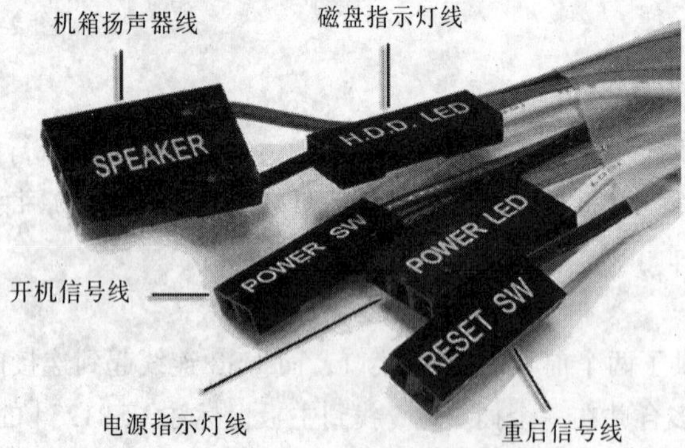

图 2-9-19

4. 整理机箱线缆

对机箱内的各种线缆进行简单的整理，以提供良好的散热空间，如图 2-9-20 所示。

图 2-9-20

项目练习

（1）熟练掌握机箱中电源线和数据线的名称与作用。

（2）对电源线和驱动器的数据线进行熟练的安装。

项目实训　写出装机方案并进行硬件组装

（1）通过网络和市场调查写出一个 5 000 元左右的装机配置表。

（2）将计算机的硬件进行组装。

（3）正确连接机箱内部和外部的线并保证计算机正常开机运行。

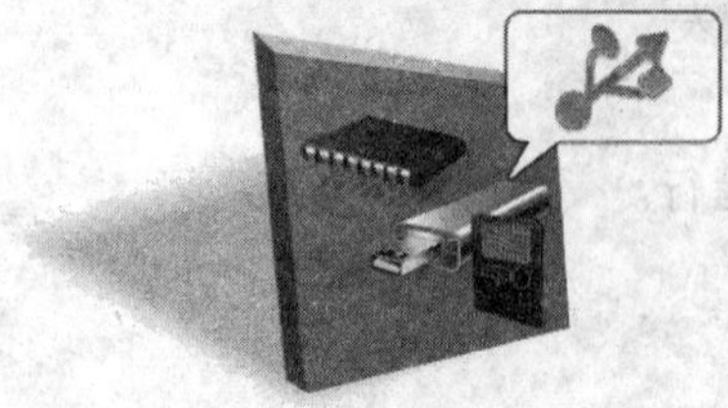

项目三

设置 BIOS

BIOS（Basic Input Output System，基本输入/输出系统）设置程序是被固化到计算机主板上的ROM芯片中的一组程序，其主要功能是为计算机提供最底层的、最直接的硬件设置和控制。BIOS设置程序是存储在BIOS芯片中的，只有在开机时才可以进行设置。CMOS主要用于存储BIOS设置程序所设置的参数与数据，而BIOS设置程序主要对基本输入输出系统进行管理和设置，使系统运行在最好状态下。使用BIOS设置程序还可以排除系统故障或诊断系统问题。BIOS主要有两类：AWARD BIOS和AMI BIOS。正确设置BIOS可大大提高系统性能。我们常用的是AWARD BIOS，本项目以AWARD BIOS为例讲解BIOS的设置方法。

主要内容：

- BIOS的基础知识
- 标准CMOS功能设定硬件的安装
- 高级BIOS功能设定

任务一　BIOS的基础知识

课堂任务

熟练掌握BIOS的进入方法及基本操作。

知识要点

（1）BIOS的进入方法。

（2）BIOS的基本操作。

操作步骤

1. 进入BIOS设置

启动计算机，出现图3-1-1所示的画面时，按住Delete键不放直到进入BIOS（基本输入/输出系统）设置的主界面，如图3-1-2所示。

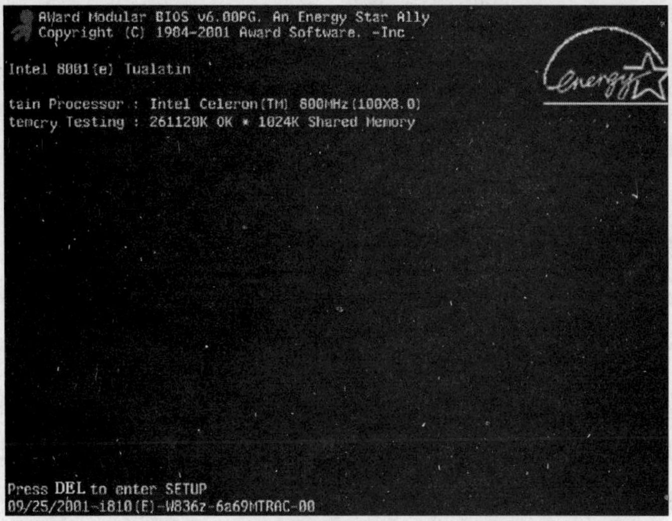

图 3-1-1

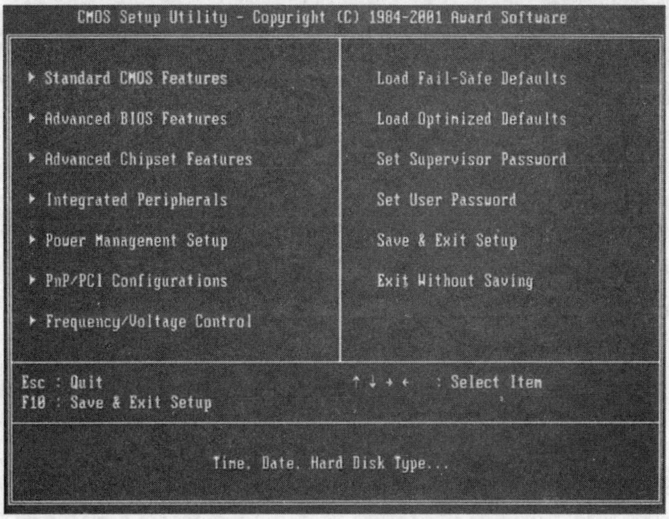

图 3-1-2

图 3-1-2 所示是 AWARD BIOS 设置的主菜单。标题行列出了 Setup 程序的类型是 Award Software，项目前面有三角形箭头的表示该项包含子菜单。主菜单上共有 13 个项目，分别如下：

（1）Standard CMOS Features（标准 CMOS 功能设定）：设定日期、时间、软磁盘规格及显示器种类。

（2）Advanced BIOS Features（高级 BIOS 功能设定）：对系统的高级特性进行设定。

（3）Advanced Chipset Features（高级芯片组功能设定）：设定主板所用芯片组的相关参数。

（4）Integrated Peripherals（外部设备设定）：使设定菜单包括所有外部设备的设定，如声卡、Modem、USB 键盘是否打开。

（5）Power Management Setup（电源管理设定）：设定 CPU、磁盘、显示器等设备的节电功能运行方式。

（6）PnP/PCI Configurations（即插即用/PCI 参数设定）：设定 ISA 的 PnP 即插即用界面及 PCI

界面的参数，此项仅在系统支持 PnP/PCI 时才有效。

（7）Frequency/Voltage Control（频率/电压控制）：设定 CPU 的倍频，设定是否自动侦测 CPU 频率等。

（8）Load Fail-Safe Defaults（载入最安全的默认值）：使用此菜单载入工厂默认值作为稳定的系统使用。

（9）Load Optinized Defaults（载入高性能默认值）：使用此菜单载入最好的性能但有可能影响稳定的默认值。

（10）Set Supervisor Password（设置超级用户密码）：使用此菜单可以设置超级用户的密码。

（11）Set User Password（设置用户密码）：使用此菜单可以设置用户密码。

（12）Save & Exit Setup（保存后退出）：保存对 CMOS 的修改，然后退出 Setup 程序。

（13）Exit Without Saving（不保存退出）：放弃对 CMOS 的修改，然后退出 Setup 程序。

2．AWARD BIOS 设置的操作方法

按方向键↑、↓、←、→　　移动到需要操作的项目上。

按 Enter 键：选定此选项。

按 Esc 键：从子菜单回到上一级菜单或者跳到退出菜单。

按+或 PgUp 键：增加数值或改变选择项。

按-或 PgDn 键：减少数值或改变选择项。

按 F1 键：主题帮助，仅在状态显示菜单和选择设定菜单有效。

按 F5 键：从 CMOS 中恢复前次的 CMOS 设定值，仅在选择设定菜单有效。

按 F6 键：从故障保护默认值表加载 CMOS 值，仅在选择设定菜单有效。

按 F7 键：加载优化默认值。

按 10 键：保存改变后的 CMOS 设定值并退出。

在主菜单上用方向键选择要操作的项目，然后按 Enter 键进入该项子菜单，在子菜单中用方向键选择要操作的项目，然后按 Enter 键进入该子项，用方向键选择，完成后按 Enter 键确认即可。

3．载入最安全的默认值

进入 BIOS 的主菜单中，有 Load Fail-Safe Defaults 选项，该选项的主要功能是载入 BIOS 的 CMOS 设置最安全的默认值，此设置是比较保守的设置，不是最优化设置，所以将关闭系统的高速设置。运行该选项不会改变 Standard CMOS Features 的值。选择此选项，会出现 Load Fail-Safe Defaults（Y/N）?提示信息，询问是否载入默认值，按 Y 或 Enter 键即可载入 BIOS 最安全的默认值。使用此菜单载入工厂默认值作为稳定的系统使用。

4．载入高性能默认值

进入 BIOS 的主菜单，Load Optimized Defaults 选项的主要功能是载入 BIOS 的 CMOS 设置出厂时的默认值。选择此选项，会出现 Load Optimized Defaults（Y/N）?提示信息，询问是否载入出厂时的默认值，按 Y 或 Enter 键即可载入出厂时的默认值。使用此菜单能载入最好的性能但有可能影响稳定的默认值。

5．保存后退出

进入 BIOS 的主菜单，Save & Exit Setup 选项的主要功能是保存所有 BIOS 设置结果并离开设置程序，此时 BIOS 会重新开机，以便使用新的设置值，按 F10 键也可运行本选项。在主菜单中选择 Save & Exit Setup 选择并按 Enter 键，会出现 Save to CMOS and EXIT（Y/N）?提示信息，询问是否存储并退出设置程序，按 Y 或 Enter 键即可存储所有设置结果并离开 CMOS Setup Utility。如果不想退出，则按 N 或 Esc 键返回主菜单中。

6. 不保存退出

进入 BIOS 的主菜单，Exit Without Saving 选项的主要功能是不存储对 BIOS 的修改结果，保持原本设置并重新开机，按 Esc 键也可运行本选项。在主菜单中选择 Exit Without Saving 选项，并按 Enter 键，会出现 Quit Without Saving（Y/N）?提示信息，询问是否不存储并退出设置程序，按 Y 或 Enter 键即可不存储所有修改设置结果并离开 CMOS Setup Utility。如果按 N 或 Esc 键则返回主菜单中。

项目练习

（1）进入 BIOS 设置程序，进入标准 CMOS 功能设定。

（2）分别使用载入最安全默认值和载入高性能默认值恢复系统，并进入各级选项菜单中查看两者的设置有什么不同。

（3）使用快捷键保存 BIOS 设置并退出。

任务二　BIOS 中标准 CMOS 功能设定

课堂任务

进入标准 CMOS 功能设定菜单，对系统的时间、日期、磁盘、软盘等参数进行设置。

知识要点

标准 CMOS 功能设定中各项功能设置。

操作步骤

在 BTOS 主菜单中选择 Standard CMOS Features 选项后按 Enter 键，即进入 Standard CMOS Features 项子菜单，如图 3-2-1 所示。

Standard CMOS Features 项子菜单中共有 13 个子项，分别如下：

（1）Date（mm:dd:yy）（日期设定）：设定计算机中的日期，格式为“星期，月/日/年”。星期由 BIOS 定义，只读。

（2）Time（hh:mm:ss）（时间设定）：设定计算机中的时间，格式为“时/分/秒”。

（3）IDE Primary Master（第一个 IDE 主控制器）：设定主磁盘型号。按 PgUp 或 PgDn 键选择磁盘类型：Press Enter、Auto 或 None。如果选择 Press Enter 项并按 Enter 键后会出现一个子菜单，

显示当前磁盘信息；Auto 是自动设定，None 是设定为没有连接设备。

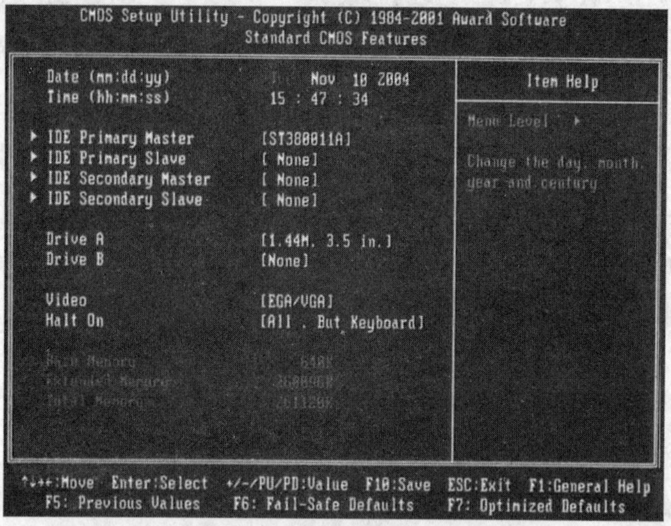

图 3-2-1

（4）IDE Primary Slave（第一个 IDE 从控制器）：设定从磁盘型号。设置方法参考上一设备。

（5）IDE Secondary Master（第二个 IDE 主控制器）：设定主光驱型号。设置方法参考上一设备。

（6）IDE Secondary Slave（第二个 IDE 从控制器）：设定从光驱型号。设置方法参考上一设备。

（7）Drive A（软盘驱动器 A）：设定主软盘驱动器类型。可选项有：None，360 K、5.25 in，1.2 M、5.25 in，720 K、3.5 in，1.44 M、3.5 in，2.88 M、3.5 in。None 是设定为没有连接设备。1.44 M、3.5 in 是容量为 1.44 MB 的 3.5 英寸软盘。

（8）Drive B（软盘驱动器 B）：设定从软盘驱动器类型。

（9）Video（设定计算机的显示模式）：设定系统主显示器的视频转接卡类型。可选项分别是 EGA/VGA、CGA40/80 和 MONO：EGA/VGA 是加强型显示模式，EGA/VGA/SVGA/PGA 彩色显示器均选此项；CGA40/80 是行显示模式；MONO 是黑白单色模式。

（10）Halt On（停止引导设定）：设定系统引导过程中遇到错误时，系统是否停止引导。可选项有 5 个：All Errors 侦测到任何错误，系统停止运行，等候处理，此项为默认值；No Errors 侦测到任何错误，系统不会停止运行；All，But Keyboard 除键盘错误以外侦测到任何错误，系统停止运行；All，But Diskette 除磁盘错误以外侦测到任何错误，系统停止运行；All，But Disk/Key 除磁盘和键盘错误以外侦测到任何错误，系统停止运行。

（11）Base Memory（基本内存容量）：此项是用来显示基本内存容量（只读）。PC 一般会保留 640 KB 容量作为 MS-DOS 操作系统的内存使用容量。

（12）Extended Memory（扩展内存）：此项是用来显示扩展内存容量（只读）。

（13）Total Memory（总内存）：此项是用来显示总内存容量（只读）。

项目练习

（1）在 BIOS 中设置当前的日期与时间。

（2）设置软盘驱动器没有连接设备。

任务三　BIOS 中高级 BIOS 功能设定

课堂任务

进入高级 BIOS 功能设定菜单，设置相关的设备选项。

知识要点

高级 BIOS 功能设定菜单设置。

操作步骤

在 BIOS 主菜单中选择 Advanced BIOS Features 选项后按 Enter 键，即进入 Advanced BIOS Features 项子菜单，如图 3-3-1 所示。

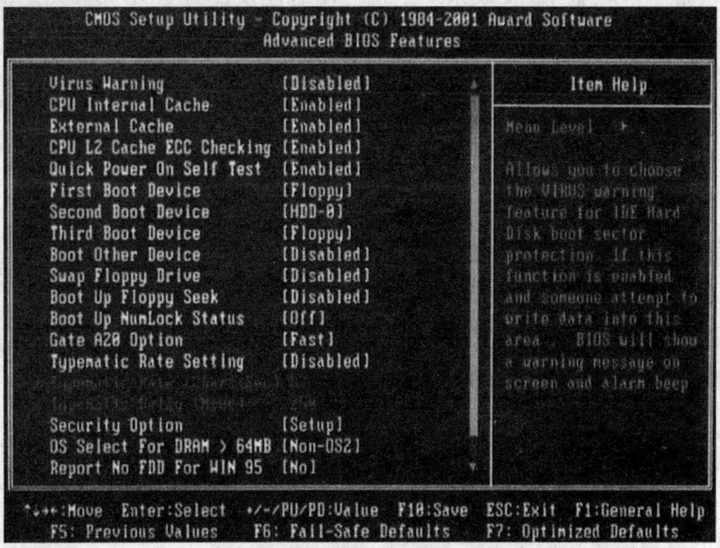

图 3-3-1

Advanced BIOS Features 项子菜单中共有 20 个子项，分别如下：

（1）Virus Warning（病毒报警）：在系统启动时或启动后，如果有程序企图修改系统引导扇区或磁盘分区表，BIOS 会在屏幕上显示警告信息，并发出蜂鸣报警声，使系统暂停。设定值有：

- Disabled：禁用；
- Enabled：开启。

（2）CPU Internal Cache（CPU 内置高速缓存设定）：设置是否打开 CPU 内置高速缓存。默认设为打开。设定值有：

• Disabled：禁用；

• Enabled：开启。

（3）External Cache（外部高速缓存设定）：设置是否打开外部高速缓存。默认设为打开。设定值有：

• Disabled：禁用；

• Enabled：开启。

（4）CPU L2 Cache ECC Checking（CPU 二级高速缓存奇偶校验）：设置是否打开 CPU 二级高速缓存奇偶校验。默认设为打开。设定值有：

• Disabled（禁用）；

• Enabled （开启）。

（5）Quick Power On Self Test（快速检测）：设定 BIOS 是否采用快速 POST 方式，即简化测试的方式与次数，让 POST 过程所需时间缩短。无论设成 Enabled 或 Disabled，当 POST 进行时，仍可按 Esc 键跳过测试，直接进入引导程序。默认设为禁用。设定值有：

• Disabled：禁用；

• Enabled：开启。

（6）First Boot Device（设置第一启动盘）：设定 BIOS 第一个搜索载入操作系统的引导设备。默认设为 Floppy（软盘驱动器），安装系统正常使用后建议设为 HDD-0。设定值有：

• Floppy：系统首先尝试从软盘驱动器引导；

• LS120：系统首先尝试从 LS120 引导；

• HDD-0：系统首先尝试从第一磁盘引导；

• SCSI：系统首先尝试从 SCSI 引导；

• CDROM：系统首先尝试从 CD-ROM 驱动器引导；

• HDD-1：系统首先尝试从第二磁盘引导；

• HDD-2：系统首先尝试从第三磁盘引导；

• HDD-3：系统首先尝试从第四磁盘引导；

• ZIP：系统首先尝试从 ATAPI ZIP 引导；

• LAN：系统首先尝试从网络引导；

• Disabled：禁用。

（7）Second Boot Device（设置第二启动盘）：设定 BIOS 在第一启动盘引导失败后，第二个搜索载入操作系统的引导设备。设置方法参考上一项。

（8）Third Boot Device（设置第三启动盘）：设定 BIOS 在第二启动盘引导失败后，第三个搜索载入操作系统的引导设备。设置方法参考上一项。

（9）Boot Other Device（其他设备引导）：将此项设置为 Enabled，允许系统在从第一/第二/第三设备引导失败后，尝试从其他设备引导。设定值有：

• Disabled：禁用；

• Enabled：开启。

（10）Swap Floppy Drive（交换软驱盘符）：将此项设置为 Enabled 时，可交换软驱 A:和 B:的盘符。

（11）Boot Up Floppy Seek（开机时检测软驱）：将此项设置为 Enabled 时，在系统引导前，BIOS 会检测软驱 A:。根据所安装的启动装置的不同，在 First/Second/Third Boot Device 选项中所出现的可选设备有相应的不同。例如，如果系统没有安装软驱，在启动顺序菜单中就不会出现软驱的设置。设定值有：

- Disabled：禁用；
- Enabled：开启。

（12）Boot Up NumLock Status（初始数字小键盘的锁定状态）：此项是用来设定系统启动后，键盘右边小键盘是数字还是方向状态。当设定为 On 时，系统启动后将打开 Num Lock，小键盘数字键有效。当设定为 Off 时，系统启动后 Num Lock 关闭，小键盘方向键有效。设定值为：

- On：开；
- Off：关。

（13）Gate A20 Option（Gate A20 的选择）：此项用来设定系统存取 1 MB 以上内存（扩展内存）的方式。A20 是指扩展内存的前部 64 KB。当选择默认值 Fast 时，GateA20 是由端口 92 或芯片组的特定程序控制的，它可以使系统速度更快。当设置为 Normal 时，A20 是由键盘控制器或芯片组硬件控制的。

（14）Typematic Rate Setting（输入速率设定）：此项是用来控制字元输入速率的。设置包括 Typematic Rate（字元输入速率）和 Typematic Delay（字元输入延迟）。默认值为 Disabled（禁用）。

（15）Typematic Rate（Chars/Sec）（字元输入速率，字元/秒）：Typematic Rate Setting 选项禁用后，该项无效；Typematic Rate Setting 选项启用后，可以设置键盘加速度的速率（字元/秒）。设定值为：6、8、10、12、15、20、24、30。

（16）Typematic Delay（Msec）（字元输入延迟，毫秒）：Typematic Rate Setting 选项禁用后，该项无效；此项允许选择键盘第一次按下去和加速开始间的延迟。设定值为：250、500、750 和 1000。

（17）Security Option（安全选项）：此项指定了使用的 BIOS 密码的保护类型。设置值为 System 时，无论是开机还是进入 CMOS SETUP 都要输入密码；设置值为 Setup 时，只有在进入 CMOS SETUP 时才要求输入密码。

（18）OS Select For DRAM > 64MB（设定 OS2 使用的内存容量）：默认值为 Non-OS2。

（19）Report No FDD For WIN 95（设定在 WIN 95 中报告有无 FDD）：默认值为 No。

（20）Video BIOS Shadow（将 BIOS 复制到影像内存）：将 BIOS 复制到影像内存，可维持系统性能在最良好的状态。默认值为 Enabled。设定值有：

- Disabled：禁用；
- Enabled：开启。

项目练习

设置计算机启动顺序：第一启动项为网络、第二启动项为光驱、第三启动项为磁盘。

项目实训　在计算机中设置 BIOS

（1）进入 BIOS 设置。

（2）恢复 BIOS 的出厂设置。

（3）设置计算机日期时间为 2012 年 4 月 12 日上午 10 点 30 分。

（4）设置计算机不使用软驱。

（5）设置计算机启动顺序第一启动为光驱、第二启动为磁盘、第三启动为禁用。

项目四

安装系统软件与应用软件

项目三学习了 CMOS 的设置，为本项目的学习奠定了基础。本项目要求掌握如何对磁盘进行分区和格式化，如何安装 Windows XP、Windows 7 这两个操作系统。安装操作系统前的准备工作是很重要的，尤其是分区和格式化操作前一定要注意对重要数据进行保存、备份。系统安装完成后要检查驱动程序是否安装成功，若未安装成功，需要手动更新，然后根据自己的要求来安装应用软件。

主要内容包括：

- 磁盘分区与格式化
- Windows XP 操作系统的安装
- Windows 7 操作系统的安装
- 驱动程序的安装
- Office 办公软件的安装

任务一　对磁盘进行分区与格式化

课堂任务

对磁盘使用 FDISK 命令进行分区，并对分区后的磁盘使用 FORMAT 命令进行格式化。

知识要点

（1）FDISK 命令的使用方法。

（2）FORMAT 命令的使用方法。

课程内容

1．FDISK 的进入方法与主菜单

新买的磁盘或清空了分区表的磁盘，只有重新分区并格式化分区后才能使用。在所有的 DOS 或 Windows 启动盘中都有 fdisk.exe 命令。

新买的磁盘或清空了分区表的磁盘安装好后，用 Windows 98 启动盘启动系统进入 DOS，在提示符 A:\>_下输入 fdisk，按 Enter 键打开 fdisk 程序，如图 4-1-1 所示。

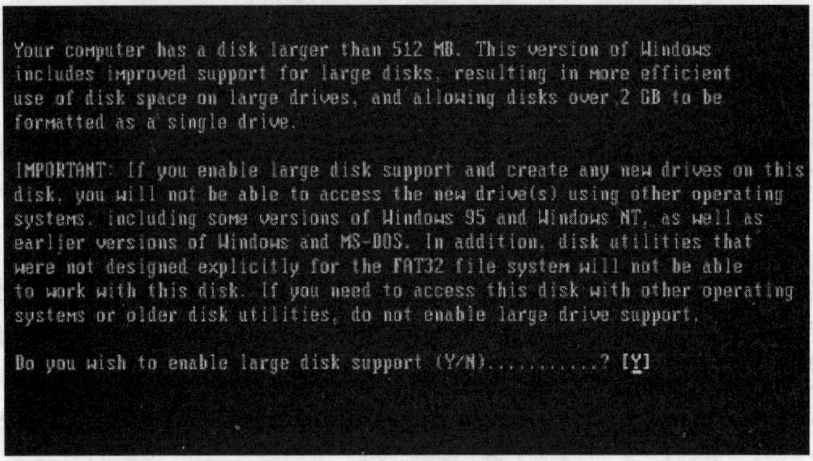

图 4-1-1

图 4-1-1 中显示了磁盘容量已经超过了 512 MB，为了充分发挥磁盘的性能，让一个盘的分区超过 2 GB，建议选用 FAT32 文件系统，按 Y 后按 Enter 键，进入主界面，如图 4-1-2 所示。

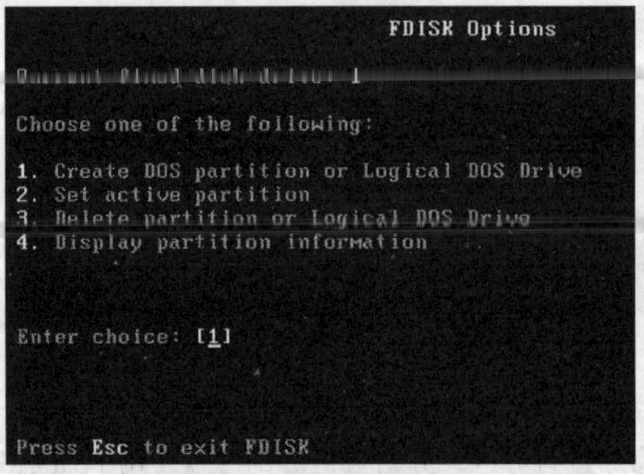

图 4-1-2

图 4-1-2 中共有 4 个选项，其中文解释如下：

（1）创建 DOS 分区或逻辑驱动器。

（2）设置活动分区。

（3）删除分区或逻辑驱动器。

（4）显示分区信息。

4 个选项下还分别有子选项，操作时请注意。

2．删除分区

如果想对已经分过区的磁盘重新分区，就要首先删除旧分区，但一定要注意备份好数据，因为分区后数据会全部丢失。选择图 4-1-2 界面中的第三项（3. Delete Partition or Logical DOS Drive）进入删除分区操作界面，如图 4-1-3 所示。

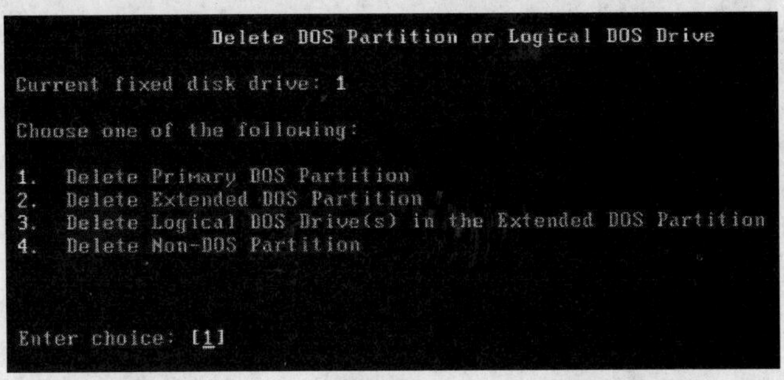

图 4–1–3

图 4–1–3 中 4 个选项分别表示：删除主分区、删除扩展分区、删除扩展分区中的逻辑分区、删除非 DOS 分区。删除分区的顺序从下往上，即“非 DOS 分区”→“逻辑分区”→“扩展分区”→“主分区”。

1）删除扩展分区中的逻辑分区

（1）除非安装了非 Windows 的操作系统，否则一般不会产生非 DOS 分区。所以在此先选 3。进入删除逻辑分区界面，输入要删除分区的盘符，如图 4–1–4 所示。

图 4–1–4

（2）输入卷标（如无，直接按 Enter 键。如果卷标为中文，可以退回到 DOS 提示符状态，格式化该盘），如图 4–1–5 所示。

图 4–1–5

（3）按 Y 键确认删除，如图 4–1–6 所示。

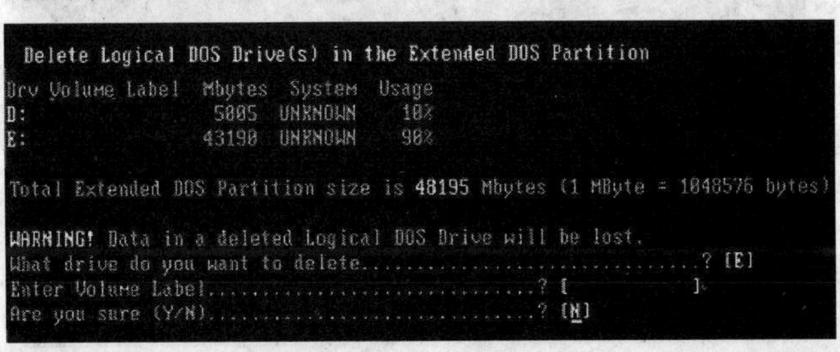

图 4–1–6

（4）用同样的方法，删除所有逻辑分区，如图 4-1-7 所示。

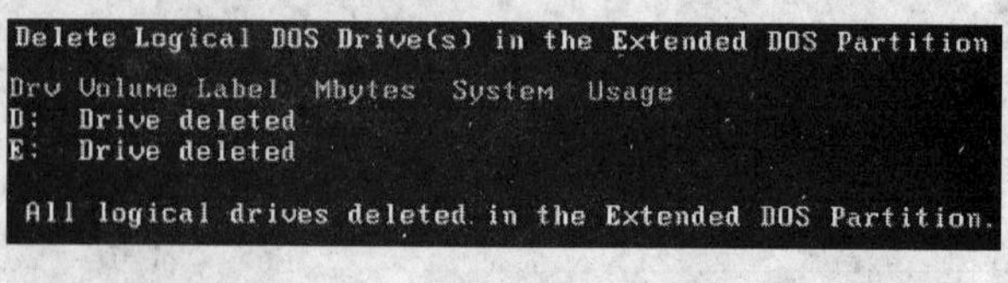

图 4-1-7

2）删除扩展分区

（1）按 Esc 键返回到 FDISK 主界面，再次选择 3，进入删除扩展分区界面（delete Extended DOS Partition），按 Y 键确认删除，如图 4-1-8 所示。

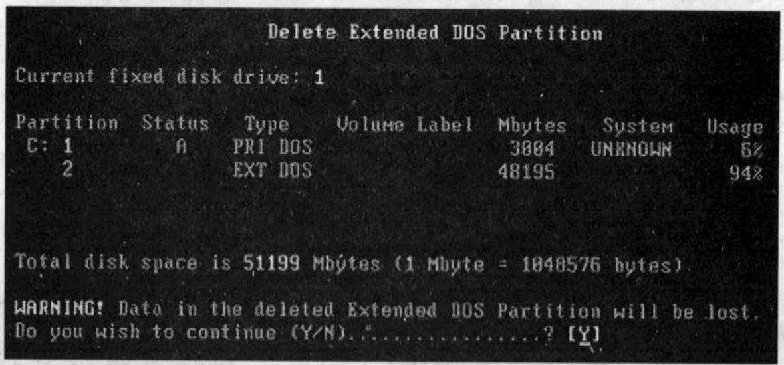

图 4-1-8

（2）扩展分区被删除，如图 4-1-9 所示。

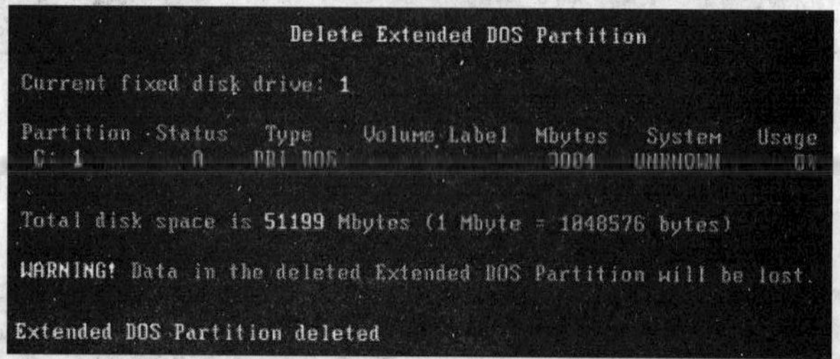

图 4-1-9

3）删除主分区

（1）按 Esc 键返回到 FDISK 主界面，再次选择 3，进入删除主分界面（delete Primary DOS Partition）。输入 1，表示删除第一个主分区，如图 4-1-10 所示。

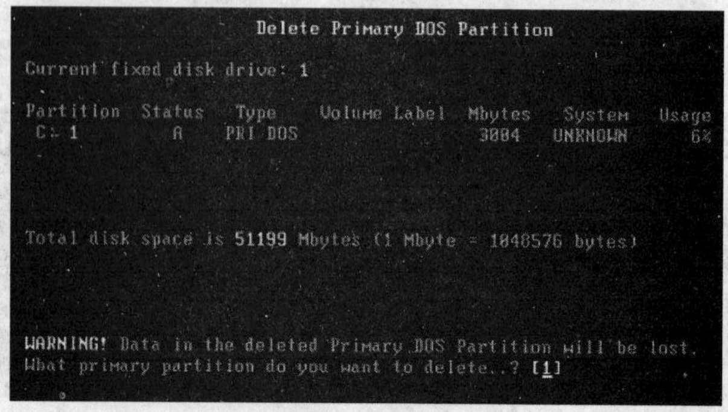

图 4-1-10

（2）输入卷标，按 Y 键确认删除，如图 4-1-11 所示。

图 4-1-11

（3）主分区被删除，即所有分区都被删除。

（4）按 Esc 键返回到 FDISK 主界面，准备创建分区。

3．创建分区

在 FDISK 主界面中选择 1 后按 Enter 键，进入创建分区界面，如图 4-1-12 所示。

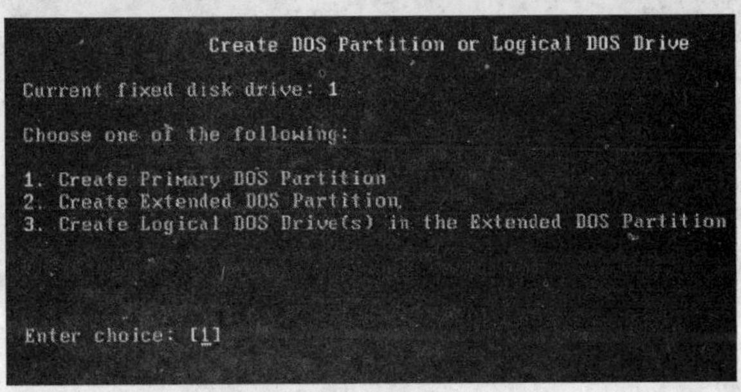

图 4-1-12

图 4-1-12 中 3 个选项分别表示：创建主分区、创建扩展分区、创建逻辑分区。磁盘分区遵循“主分区→扩展分区→逻辑分区”的次序原则，正好和删除分区相反。

一个磁盘可以划分多个主分区，但划分一个主区分即可。主分区之外的磁盘空间是扩展分区，而逻辑分区是对扩展分区再行划分得到的。

1）创建主分区

（1）在创建分区界面中选择“1”后按 Enter 键确认，Fdisk 开始检测磁盘，如图 4-1-13 所示。

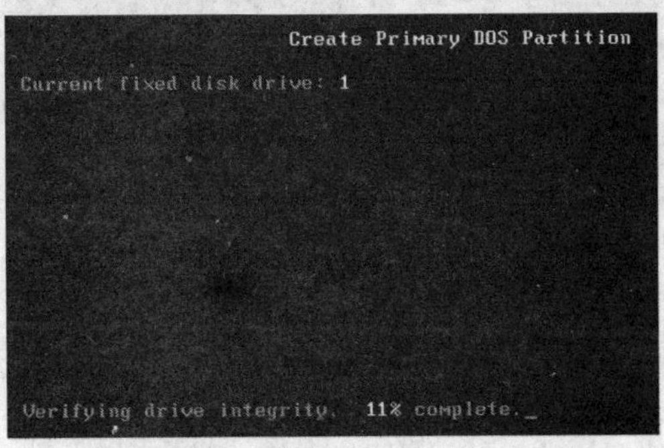

图 4-1-13

（2）检测无误之后，出现选择：你是否希望将整个磁盘空间作为主分区并激活？主分区一般就是 C 盘，随着磁盘容量的日益增大，磁盘很少会只分一个区，所以这里选择 N 并按 Enter 键，如图 4-1-14 所示。

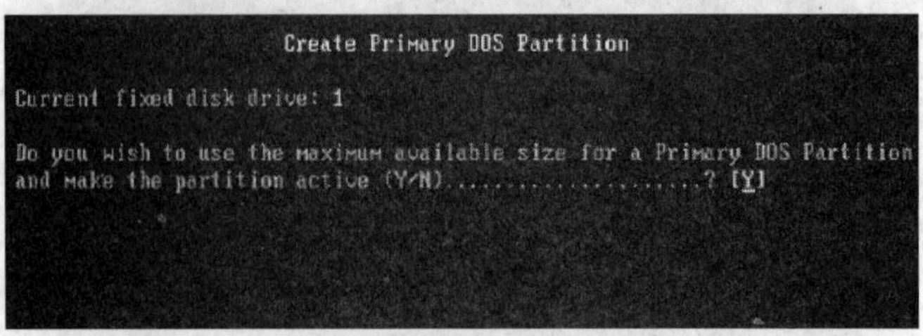

图 4-1-14

（3）继续检测磁盘，此时会显示磁盘总空间，如图 4-1-15 所示。

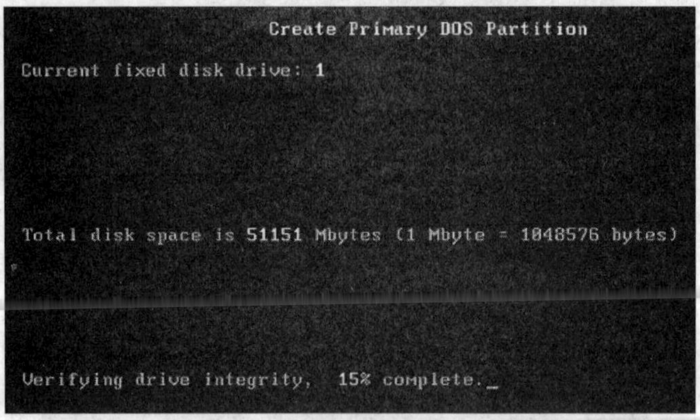

图 4-1-15

（4）检测完毕后，设置主分区的容量，可直接输入分区大小（以 MB 为单位）或分区所占磁盘容量的百分比（%），然后按 Enter 键确认，如图 4-1-16 所示。

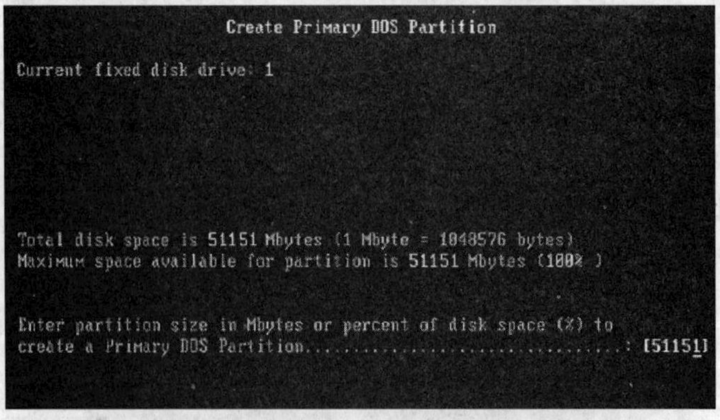

图 4-1-16

（5）主分区 C 盘即被创建，按 Esc 键继续操作，如图 4-1-17 所示。

2）创建扩展分区

（1）在 Fdisk 主菜单界面中选择 1，然后再选择 2 进入创建扩展分区（Create Extended Dos

Partition）界面。首先是磁盘检验中，如图 4-1-18 所示。

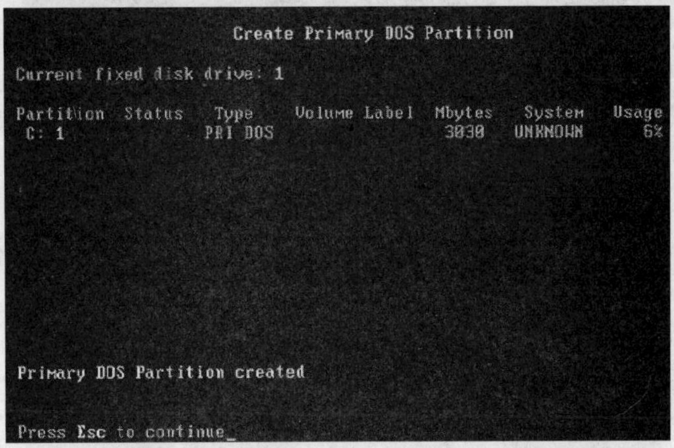

图 4-1-17

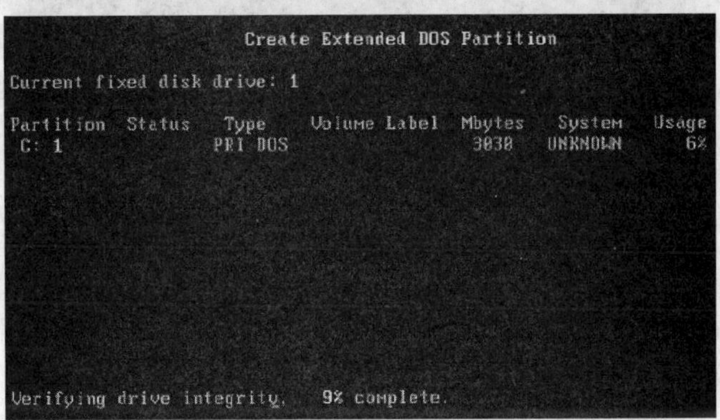

图 4-1-18

（2）检测完毕后，会显示磁盘空间大小和剩余空间大小，并要设置扩展分区的容量。

（3）一般我们会将除主分区之外的所有空间划为扩展分区，直接按 Enter 键即可。如果安装微软之外的操作系统，则可根据需要输入扩展分区的空间大小或百分比，如图 4-1-19 所示。

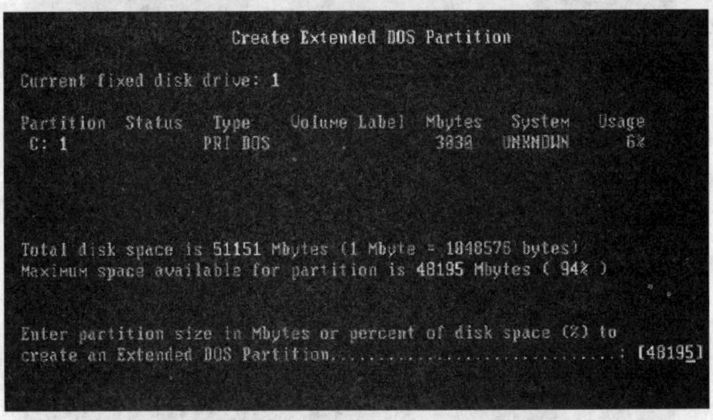

图 4-1-19

（4）扩展分区已经创建成功，如图 4-1-20 所示。

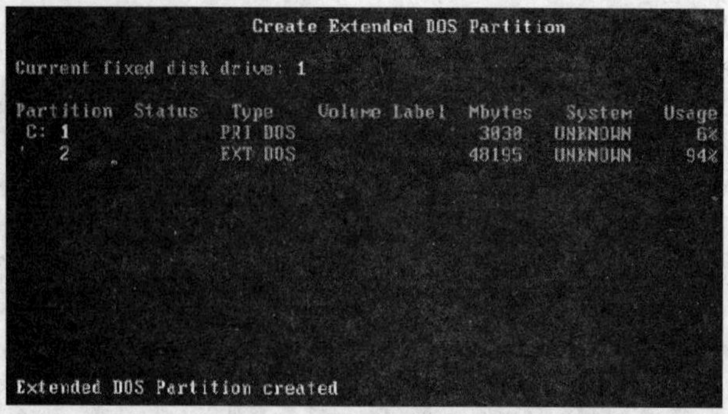

图 4-1-20

（5）按 Esc 键后会直接进入创建逻辑分区界面。

3）创建逻辑分区

（1）由于已经进入创建逻辑分区过程，磁盘继续被检测，如图 4-1-21 所示。

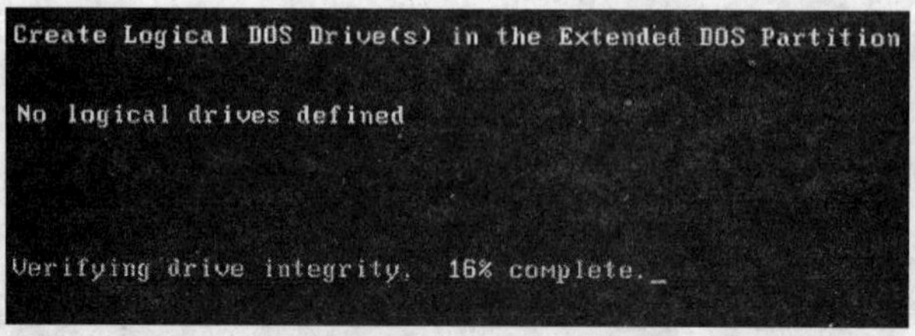

图 4-1-21

（2）检测完毕后，会显示扩展分区所占的空间大小，并要设置逻辑分区的大小。此时，可根据情况来划分逻辑分区，如图 4-1-22 所示。

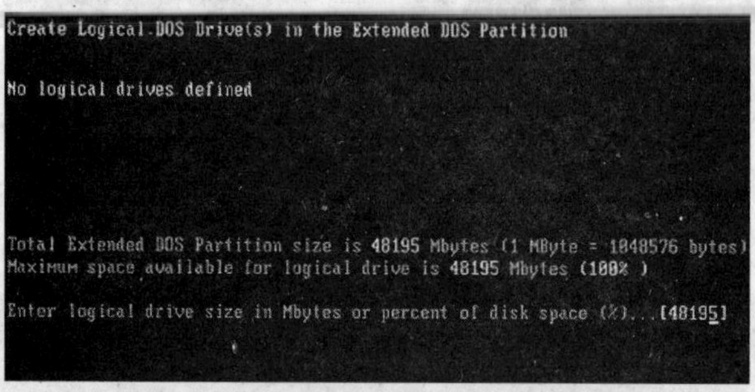

图 4-1-22

（3）例如这里想创建 D、E 两个分区，在此时输入 D 盘的分区大小（例如这里是 10%），D 盘就会被创建，磁盘会再次被检测，以待创建其他的盘，如图 4-1-23 所示。

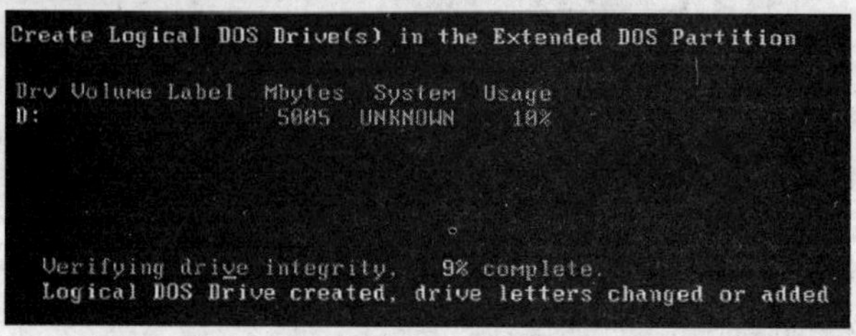

图 4-1-23

磁盘检测完毕，会显示剩余空间大小，再次输入 E 盘的分区大小（例如这里是 90%），E 盘即被创建，如图 4-1-24 所示。

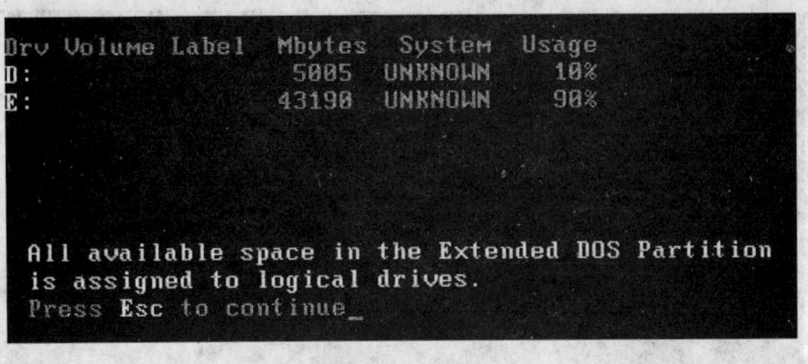

图 4-1-24

此时，所有分区创建完毕。

4．设置活动分区

回到 fdisk 主界面，选择 2（Set active partition），进入设置活动分区界面。

只有主分区才可以被设置为活动分区。选择数字 1，即设 C 盘为活动分区，如图 4-1-25 所示。

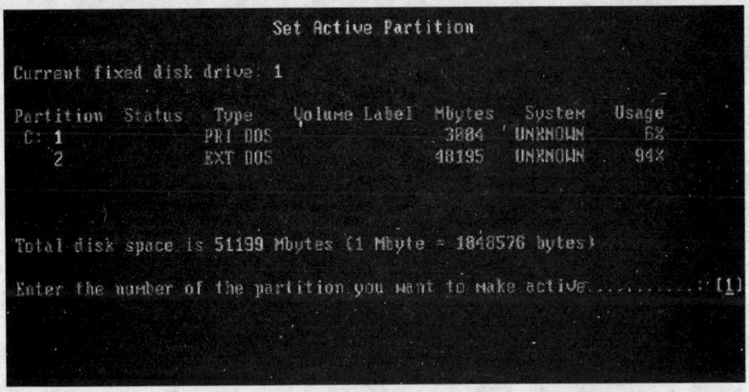

图 4-1-25

C 盘即会被激活，此时可看到 C 标志后会有 A 的标志，如图 4-1-26 所示。

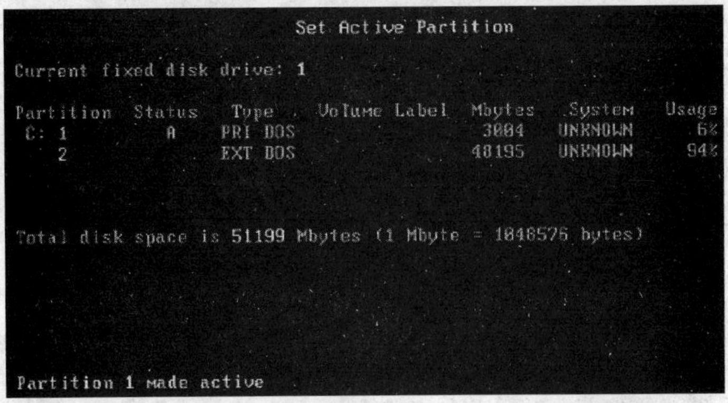

图 4-1-26

按 Esc 键返回主界面。

5．重启系统

在主界面再按 Esc 键，会出现提示信息，如图 4-1-27 所示。

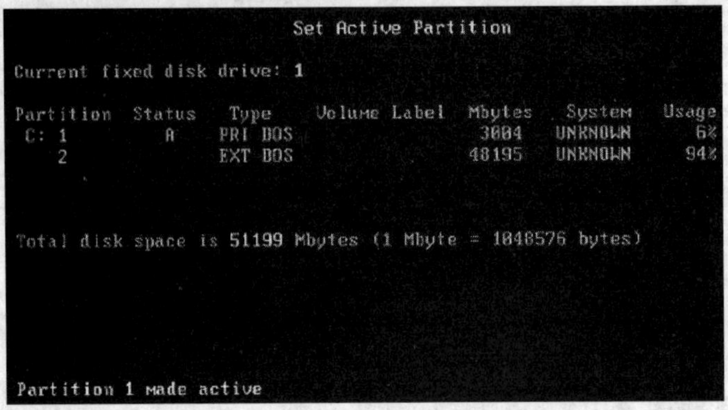

图 4-1-27

分区后必须退到提示符 A:\>_重新启动计算机，才能使分区生效；重启后必须格式化磁盘的每个分区，分区才能使用。

6．格式化

重新启动计算机后，再进入 DOS 界面，在提示符下输入 Format c:并按 Enter 键进行格式化 C 盘。完成 C 盘格式化后安装系统前的工作即全部完成。

项目练习

对 40 GB 的磁盘进行分区，C 盘占用 8GB，D 盘占用 10GB，E 盘占用 10GB，其他空间全部分到 F 盘。

任务二　安装 Windows XP 操作系统

课堂任务

学会在计算机中安装 WindowsXP 操作系统。

知识要点

Windows XP 操作系统的安装。

操作步骤

（1）重新启动计算机并把光驱设为第一启动盘，将 XP 安装光盘放入光驱，重新启动计算机。刚启动时，在出现图 4-2-1 所示的提示时要快速按 Enter 键，否则不能启动 XP 系统安装界面。

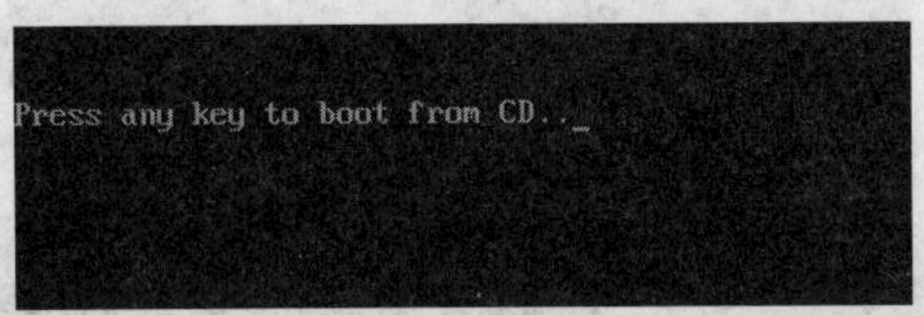

图 4-2-1

（2）在安装界面（见图 4-2-2）中，根据提示开始安装 XP 系统。

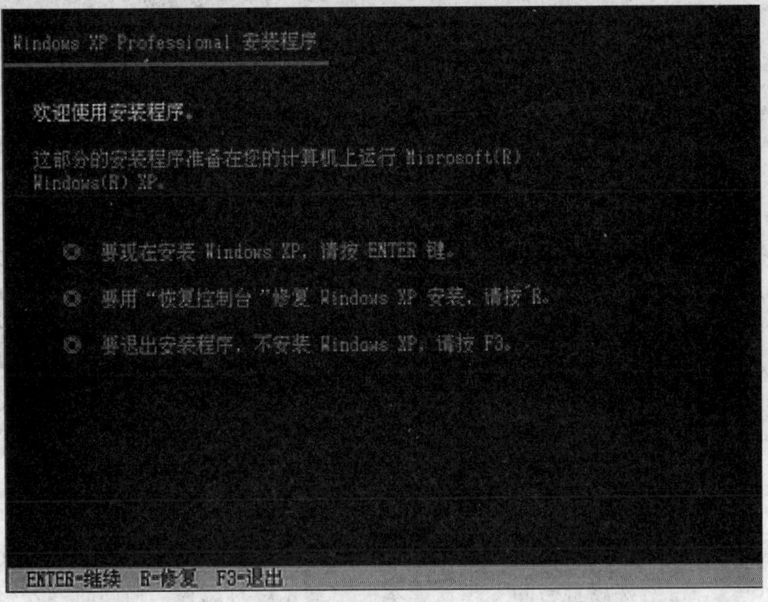

图 4-2-2

（3）接受许可协议，按 F8 键，出现图 4-2-3 所示的界面。

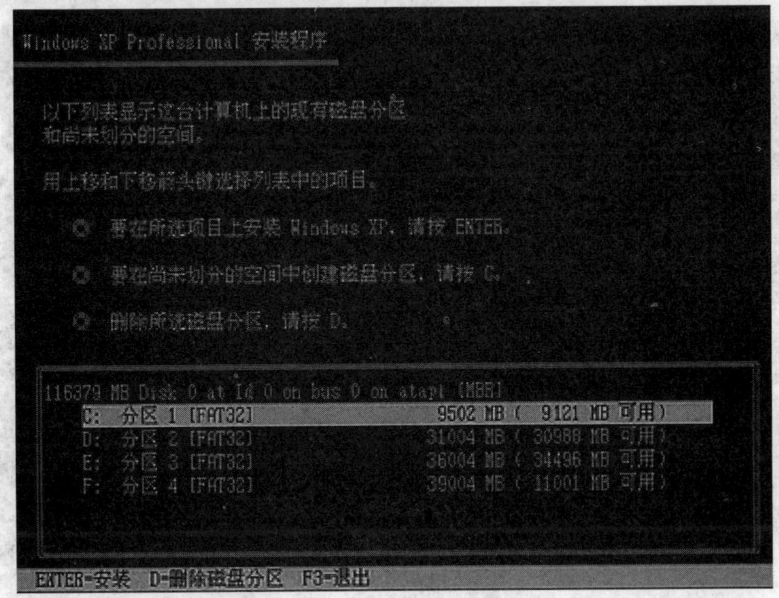

图 4-2-3

（4）用向下或向上的方向键选择安装系统所用的分区，如果已格式化 C 盘请选择 C 分区，选好分区后按 Enter 键，出现图 4-2-4 所示的界面。

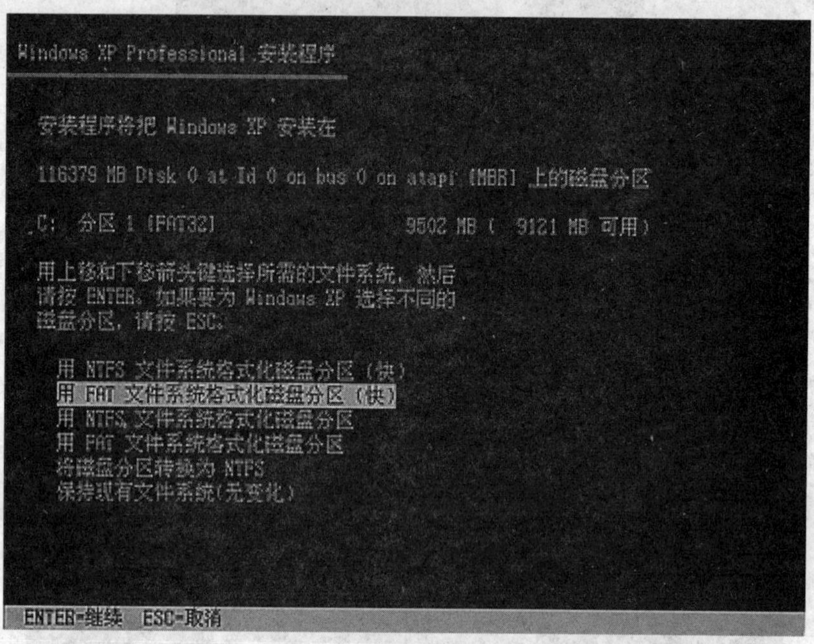

图 4-2-4

（5）对所选分区进行格式化，从而转换文件系统格式，或保存现有文件系统格式。有多种选择，其中 NTFS 格式可节约磁盘空间，提高安全性，减小磁盘碎片，但同时存在很多问题：DOS 和 Windows 98/Me 下看不到 NTFS 格式的分区。这里选择“用 FAT 文件系统格式化磁盘分区(快)”，按 Enter 键，出现“格式化 C 盘的警告”界面，如图 4-2-5 所示。

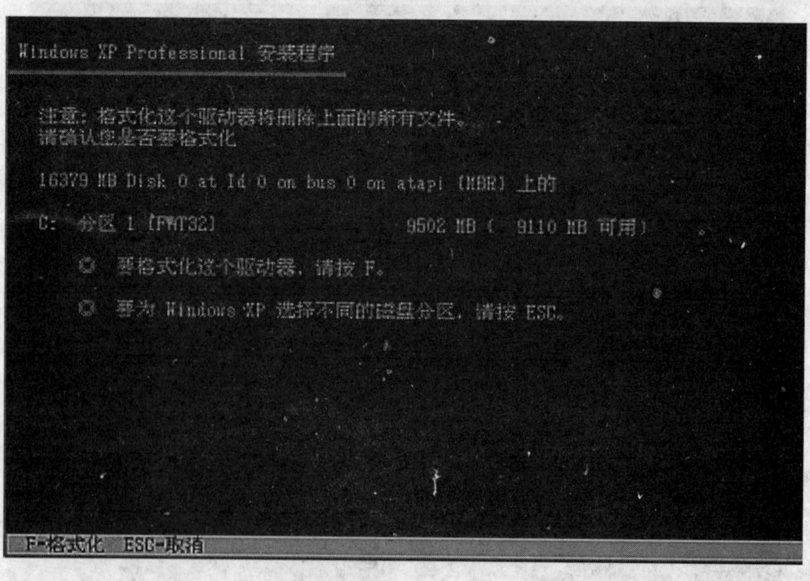

图 4-2-5

（6）按 F 键，出现图 4-2-6 所示的界面。

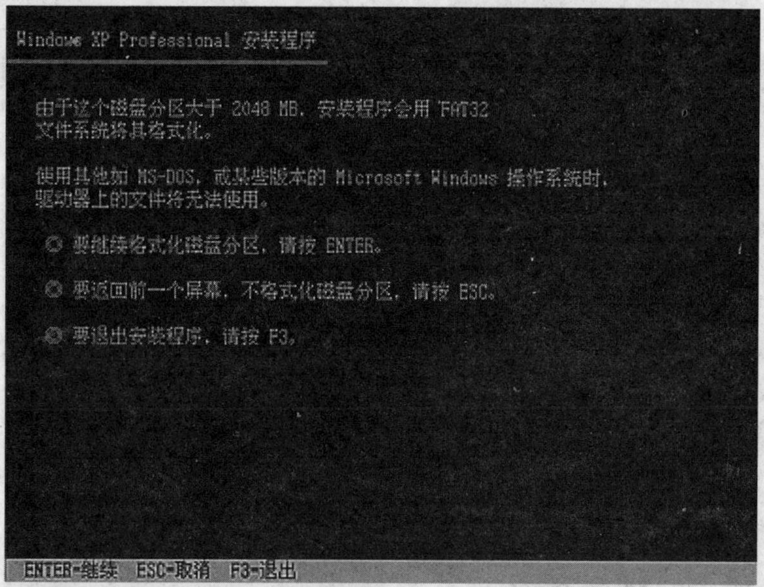

图 4-2-6

（7）由于所选分区 C 盘的空间大于 2 048 MB（即 2 GB），FAT 文件系统不支持大于 2 048 MB 的磁盘分区，所以安装程序会用 FAT32 文件系统格式对 C 盘进行格式化，按 Enter 键，出现图 4-2-7 所示的界面。

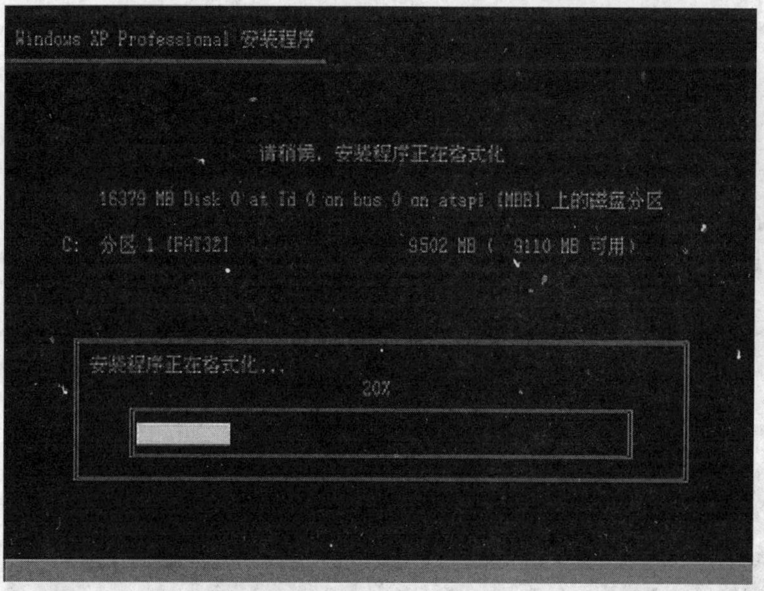

图 4-2-7

（8）图 4-2-7 显示正在格式化 C 分区。只有用光盘启动或安装启动软盘启动 XP 安装程序，才能在安装过程中提供格式化分区选项；如果用 MS-DOS 启动盘启动进入 DOS 下运行 i386\winnt

进行 XP 安装，则没有格式化分区选项。格式化 C 分区完成后出现图 4-2-8 所示的界面，显示正在复制文件。

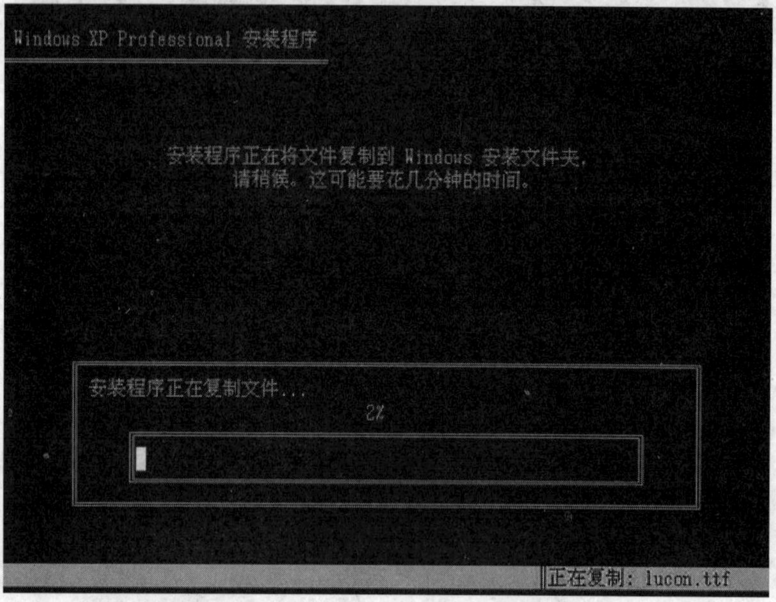

图 4-2-8

（9）文件复制完后，安装程序开始初始化 Windows 配置，然后系统将自动在 15 s 后重新启动，出现图 4-2-9 所示的界面。

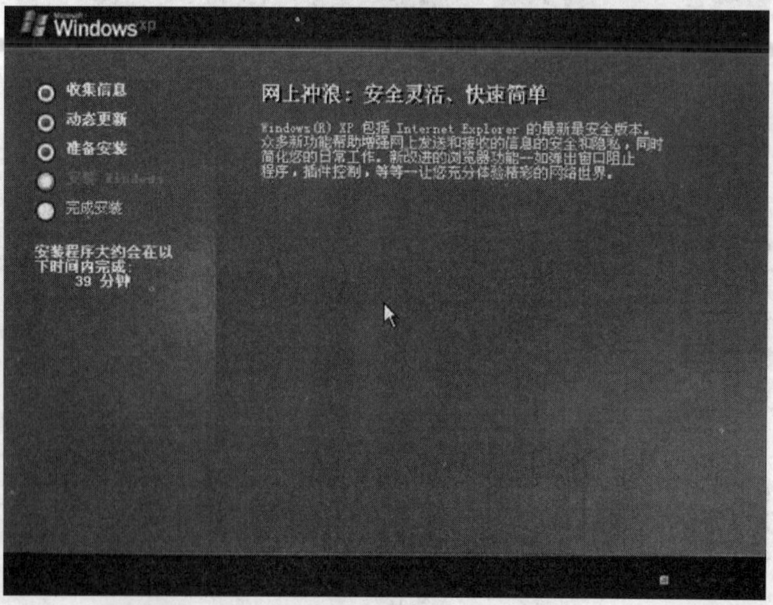

图 4-2-9

（10）当提示还需 33 min 时将出现图 4-2-10 所示的界面。

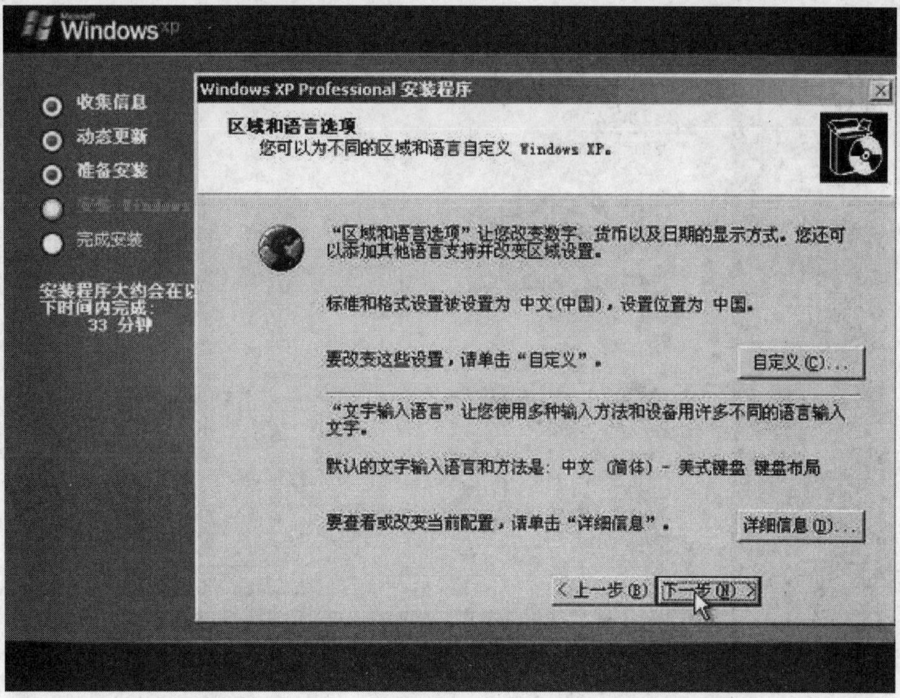

图 4-2-10

（11）区域和语言设置选用默认值即可，直接单击“下一步”按钮，出现图 4-2-11 所示的界面。

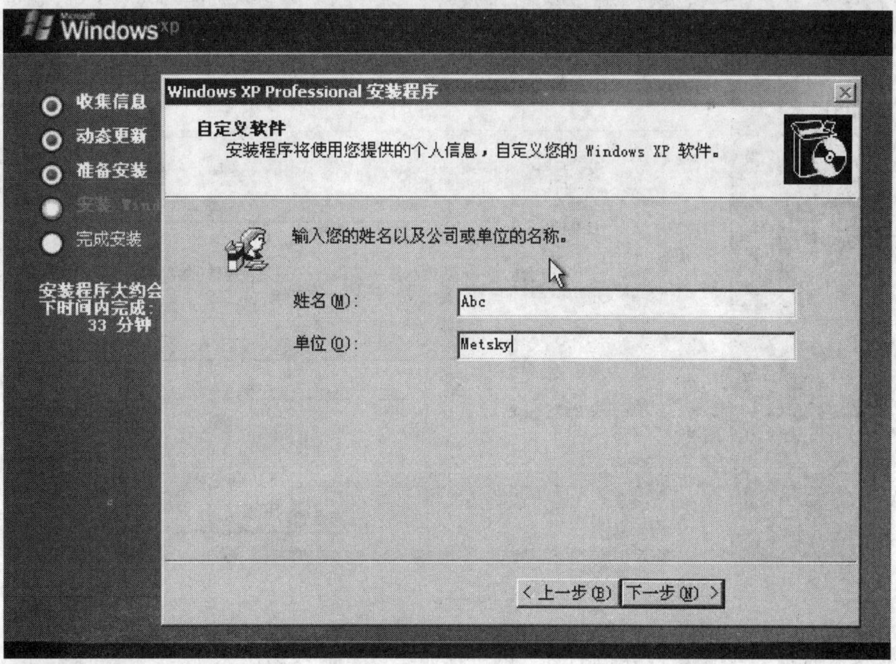

图 4-2-11

（12）输入姓名（以后注册的用户名）和单位，单击“下一步”按钮，出现图 4-2-12 所示的界面。

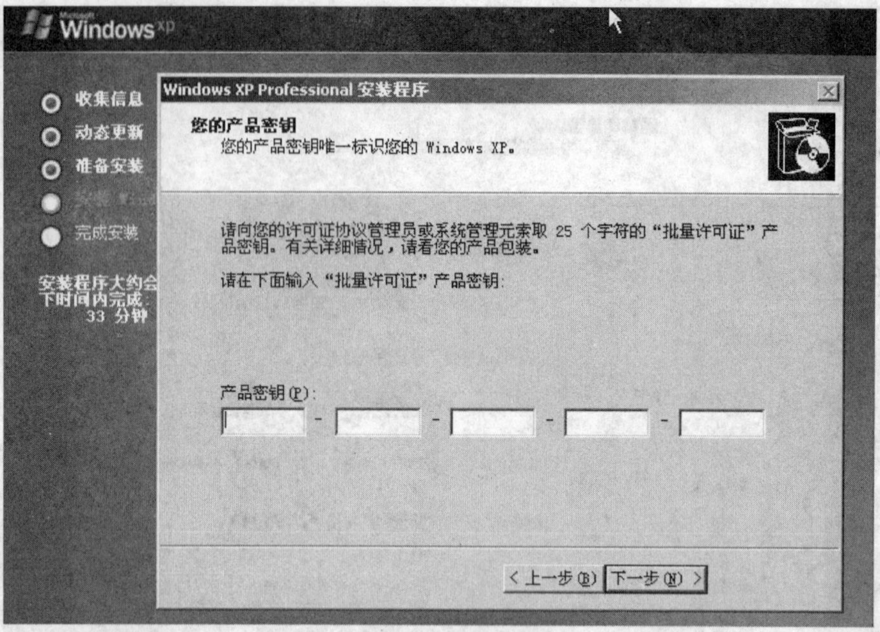

图 4-2-12

（13）输入安装序列号，单击“下一步”按钮，出现图 4-2-13 所示的界面。

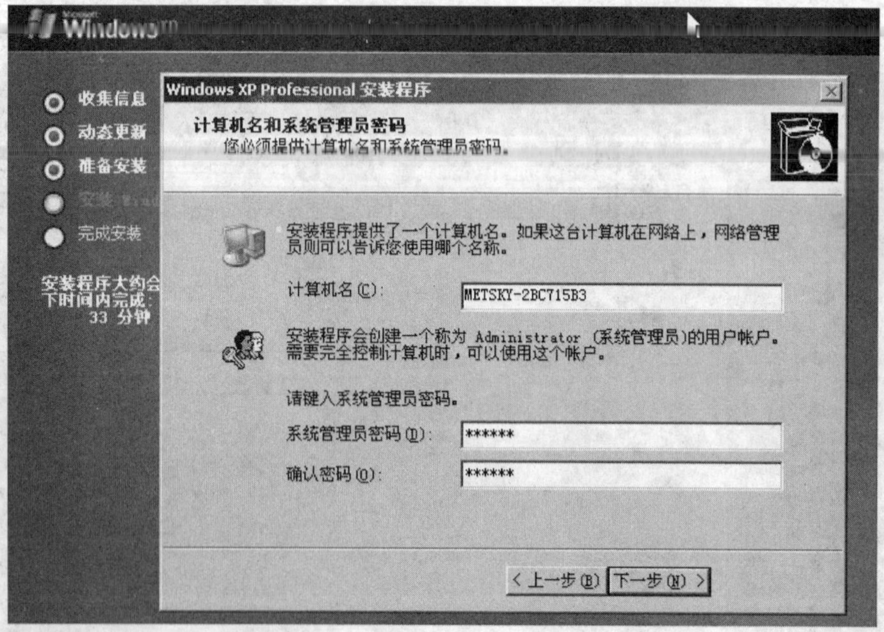

图 4-2-13

（14）安装程序自动创建计算机名称，也可任意更改。输入两次系统管理员密码，请记住这个密码，Administrator 系统管理员在系统中具有最高权限，但平时登录系统不需要输入密码。接着单击“下一步”按钮，出现图 4-2-14 所示的界面。

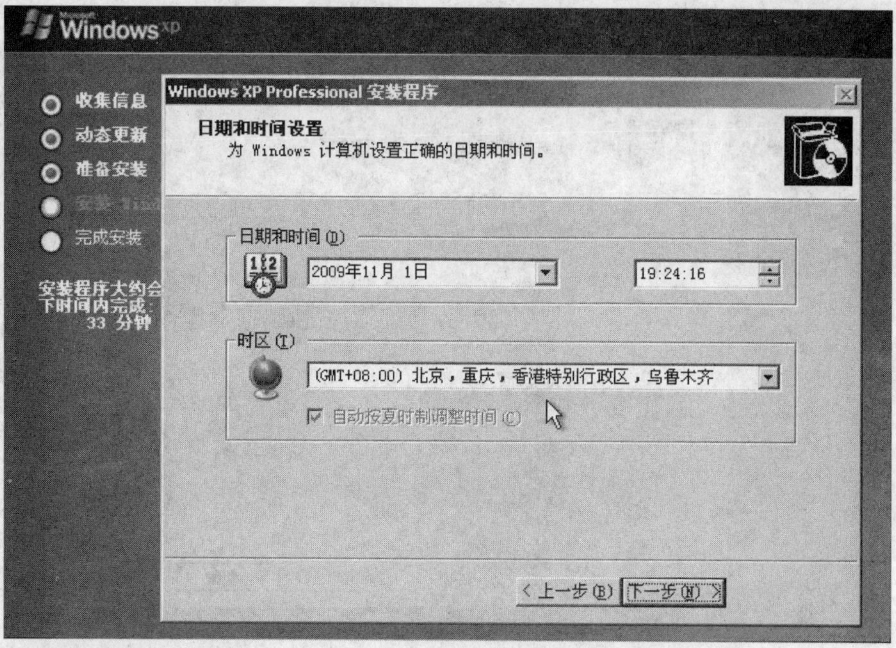

图 4-2-14

（15）设置正确的日期和时间后，单击“下一步”按钮，出现图 4-2-15 所示的界面。

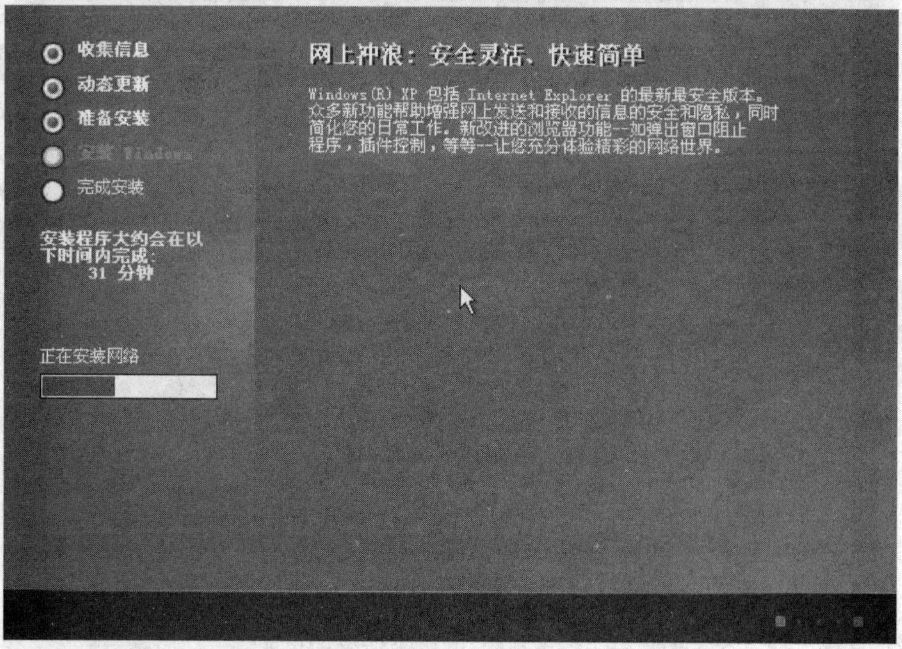

图 4-2-15

（16）系统开始安装，复制系统文件、安装网络系统后，出现图 4-2-16 所示的界面。

（17）选择网络安装所用的方式，选择“典型设置”单选按钮，单击“下一步”按钮，出现图 4-2-17 所示的界面。

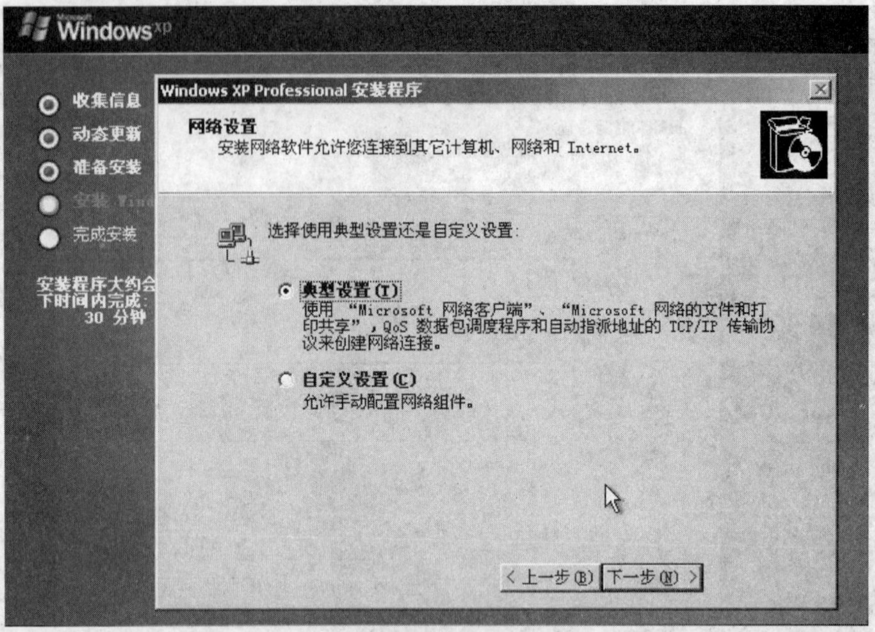

图 4-2-16

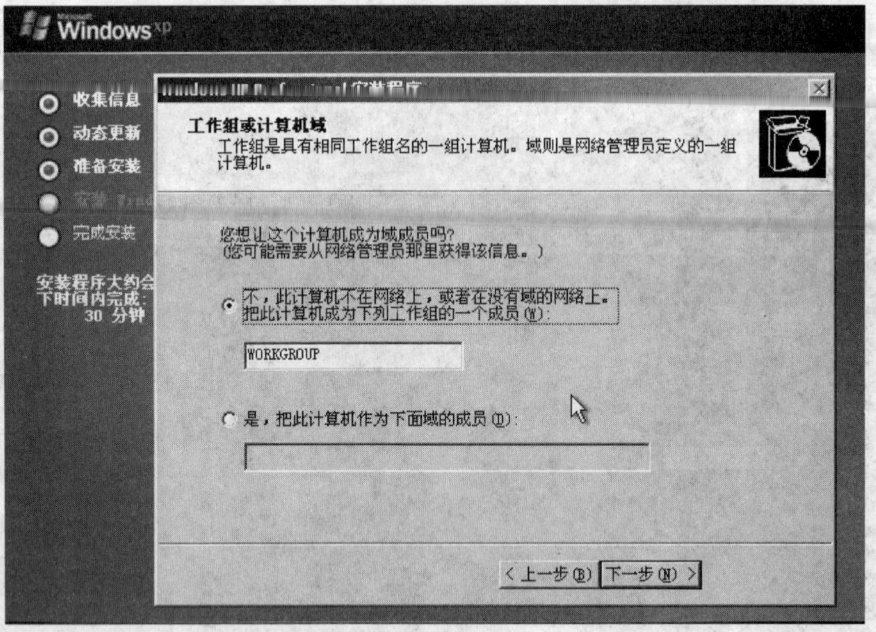

图 4-2-17

（18）直接单击“下一步”按钮，出现图 4-2-18 所示的界面。

（19）安装程序自动完成余下的过程，安装完成后自动重新启动计算机，启动画面如图 4-2-19 所示。

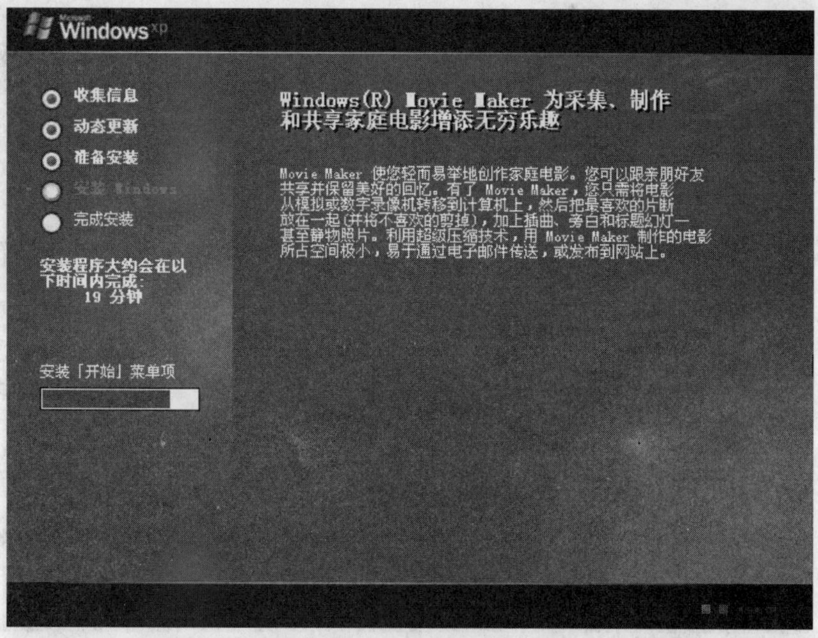

图 4-2-18

图 4-2-19

（20）第一次启动需要时间较长，请耐心等候，启动完毕后出现欢迎使用画面，提示设置系统，如图 4-2-20 所示。

（21）单击右下角的“下一步”按钮，出现连接网络界面，如图 4-2-21 所示。

此时可建立宽带拨号连接，但不会在桌面上建立拨号连接快捷方式，且默认的拨号连接名称为“我的 ISP”（自定义除外）。如果不想建立宽带拨号连接，请单击“跳过”按钮。

图 4-2-20

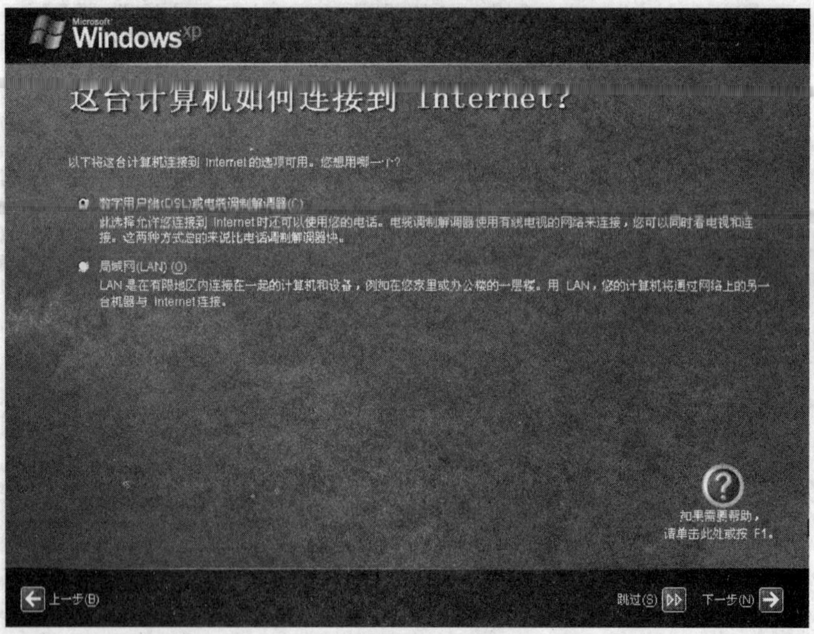

图 4-2-21

注意：进入桌面后通过连接向导也可以建立宽带拨号连接，并可以在桌面上建立拨号连接快捷方式，且默认的拨号连接名称为"宽带连接"（自定义除外）。

（22）这里先创建一个宽带连接，选择"数字用户线（ADSL）或电缆调制解调器"单选按钮，单击"下一步"按钮，出现图 4-2-22 所示的界面。

图 4-2-22

（23）目前使用的 ADSL 都有账号和密码，所以选择“是，我使用用户名和密码连接”单选按钮，单击“下一步”按钮，出现图 4-2-23 所示的界面。

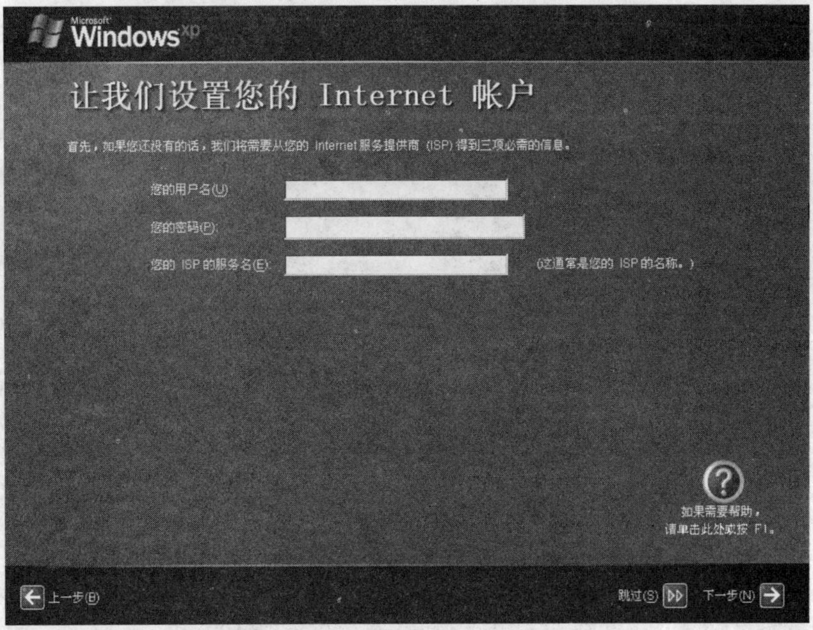

图 4-2-23

（24）输入电信或联通提供的账号和密码，在“您的 ISP 的服务名”文本框中输入喜欢的名称，该名称是作为拨号连接快捷菜单的名称，如果留空系统会自动创建名为“我的 ISP”作为该连接的名称，单击“下一步”按钮，出现图 4-2-24 所示的界面。

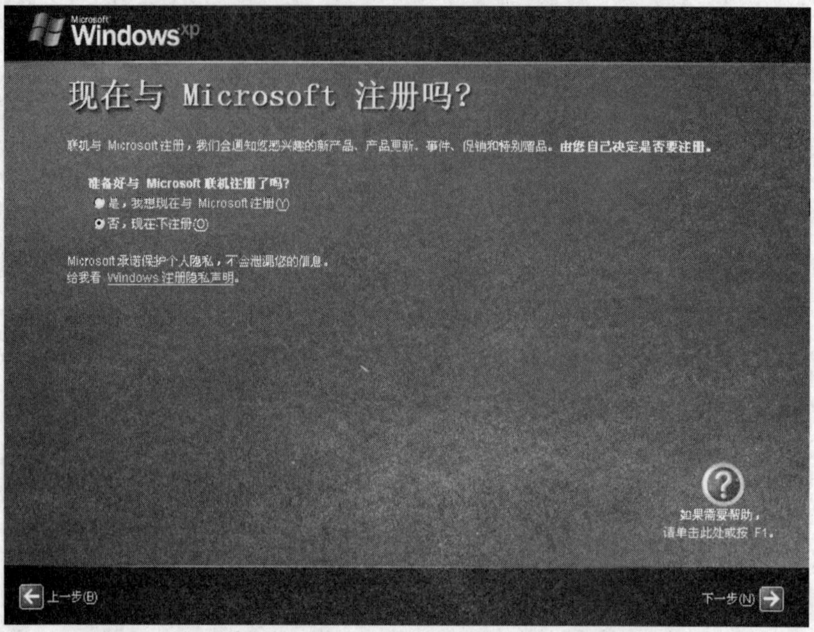

图 4-2-24

（25）已经建立了拨号连接，现在就可以注册 Windows。可以根据自己的需要来选择是否要注册 windows，这里选择“否，现在不注册”单选按钮，单击“下一步”按钮，出现图 4-2-25 所示的界面。

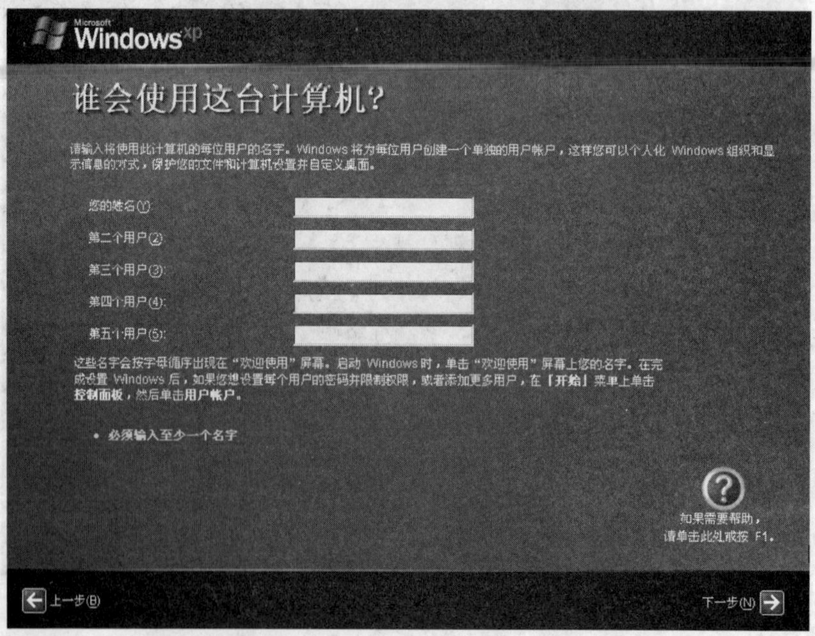

图 4-2-25

（26）输入登录计算机的用户名，单击“下一步”按钮，出现图 4-2-26 所示的界面。

（27）单击“完成”按钮结束安装。系统将注销并重新以新用户身份登录，登录后的界面如

图 4-2-27 所示。至此，Windows XP 安装完成。

图 4-2-26

图 4-2-27

项目练习

使用 Windows XP 自带的分区功能把磁盘分为两个区，C 盘占用 10 GB，D 盘占用 30 GB，把 Windows XP 安装到 C 盘。

任务三　安装 Windows 7 操作系统

课堂任务

在计算机上安装 Windows 7 操作系统。

知识要点

安装 Windows 7 操作系统。

操作步骤

（1）准备好 Windows 7 简体中文版安装光盘，将安装光盘放入光驱，重新启动计算机并把光驱设为第一启动盘，保存设置并重启，在出现图 4-3-1 所示的界面时快速按 Enter 键，否则不能启动系统光盘安装。

图 4-3-1

（2）光盘引导后出现图 4-3-2 所示的界面，Windows 正在装载文件。

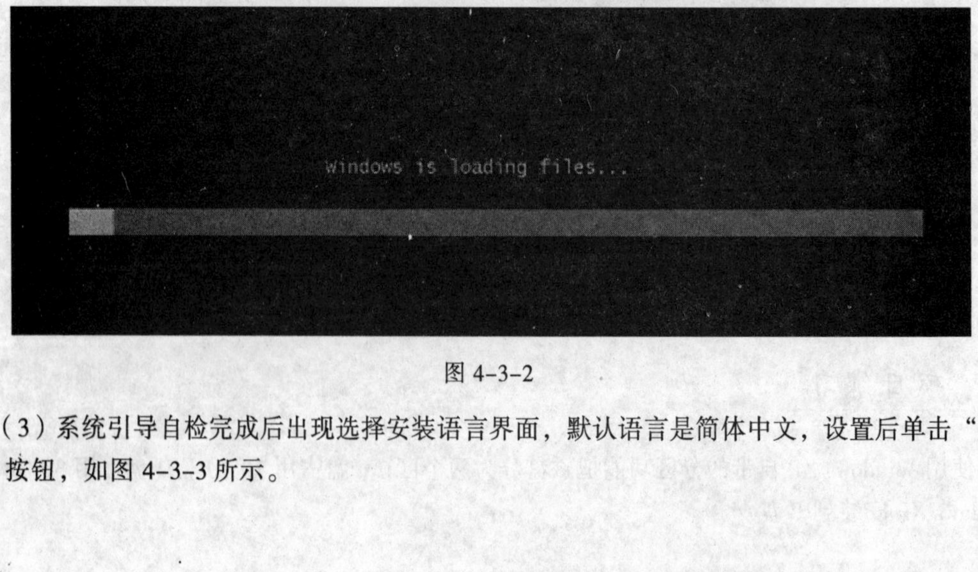

图 4-3-2

（3）系统引导自检完成后出现选择安装语言界面，默认语言是简体中文，设置后单击“下一步”按钮，如图 4-3-3 所示。

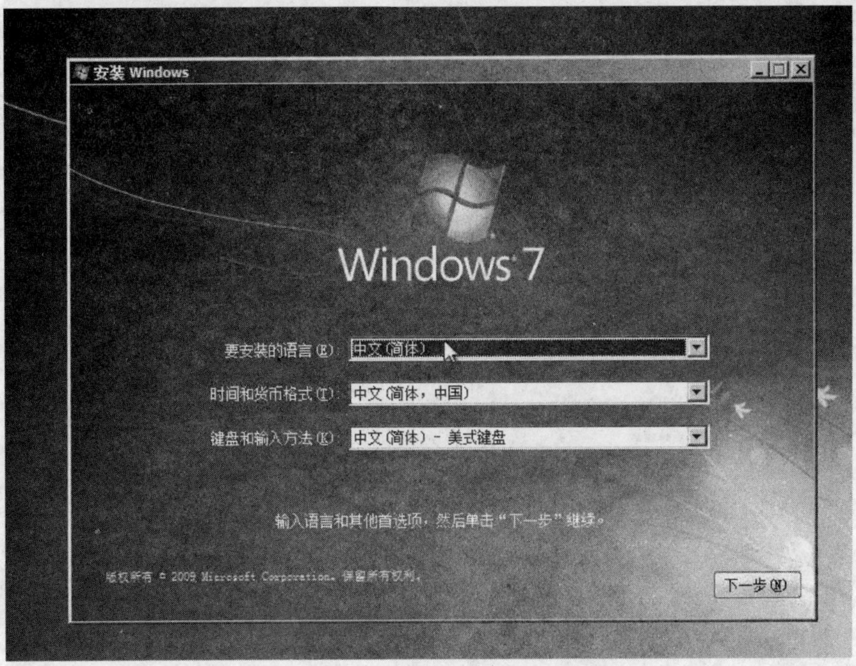

图 4-3-3

（4）进入安装 Windows 界面，单击“现在安装”按钮，如图 4-3-4 所示。

图 4-3-4

（5）安装程序启动成功后进入阅读许可条款界面，勾选“我接受许可条款”复选框，单击“下一步”按钮，如图 4-3-5 所示。

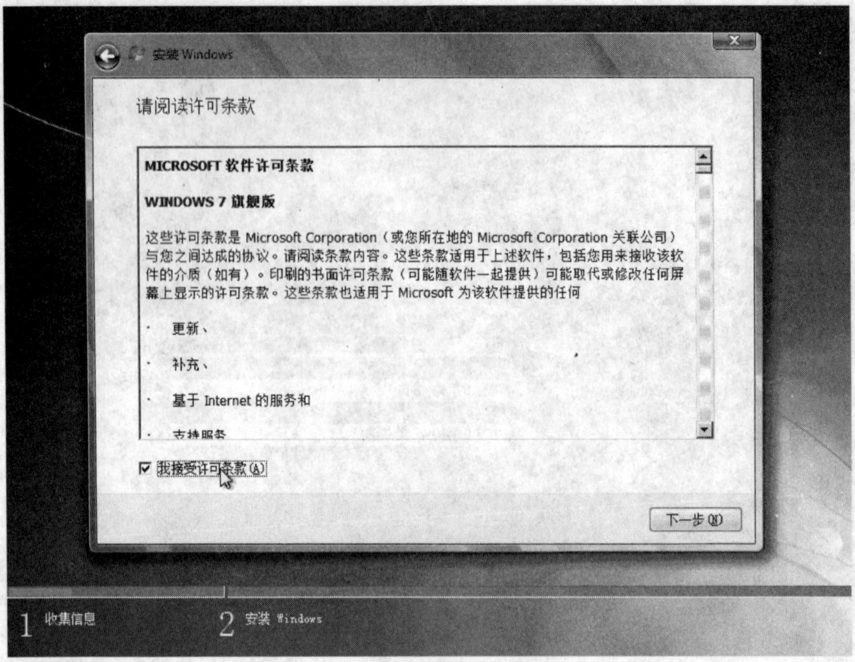

图 4-3-5

（6）选择安装类型，如果打算直接从 XP 或者 Vista 升级到 Windows 7，就选择“升级”；如果是全新安装，就选择“自定义”，如图 4-3-6 所示。

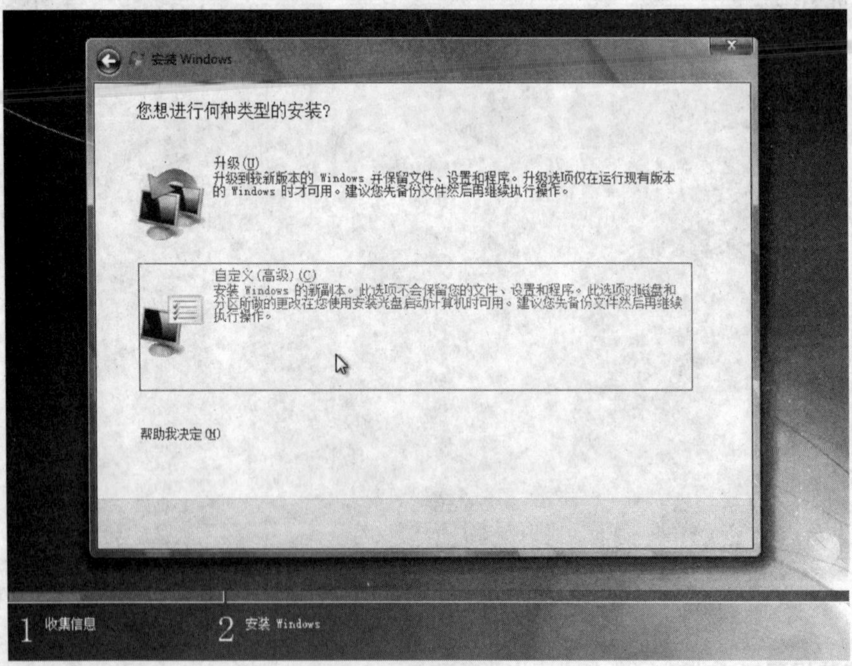

图 4-3-6

（7）选择将 Windows 7 安装到磁盘的哪个分区，这里选择把 Windows 7 安装到主分区 C 盘，单击“下一步”按钮，如图 4-3-7 所示。

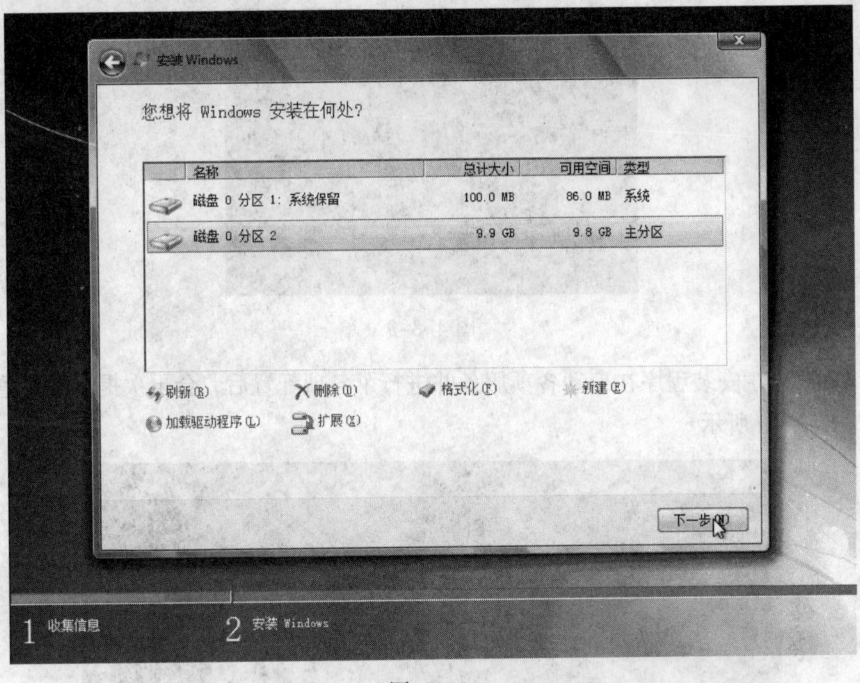

图 4-3-7

（8）开始复制文件，如图 4-3-8 所示，文件复制完后，开始进入 Windows 安装程序，安装程序先是从光盘中把安装所需要的文件复制到磁盘上，再把这些文件在磁盘中展开，安装过程需要 20 分钟左右。

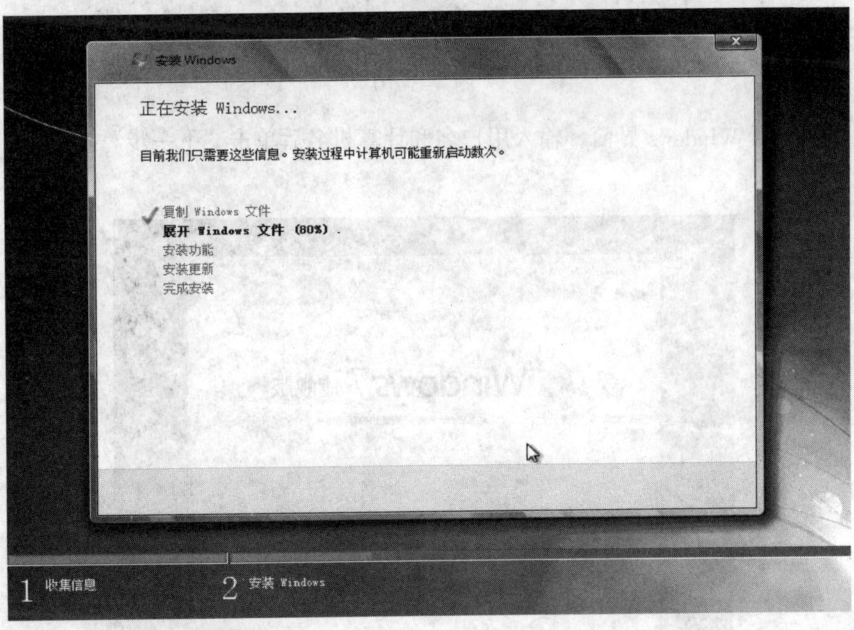

图 4-3-8

（9）安装完成后，系统需要重新启动，直接单击“立即重新启动”按钮，计算机重新启动后进入更新注册表设置界面，如图 4-3-9 所示。

图 4-3-9

（10）Windows 7 安装程序在启动各项服务并进行了各项配置后，会再次提示需要重新启动计算机，如图 4-3-10 所示。

图 4-3-10

（11）进入设置 Windows 界面，输入用户名和计算机名后单击“下一步”按钮，如图 4-3-11 所示。

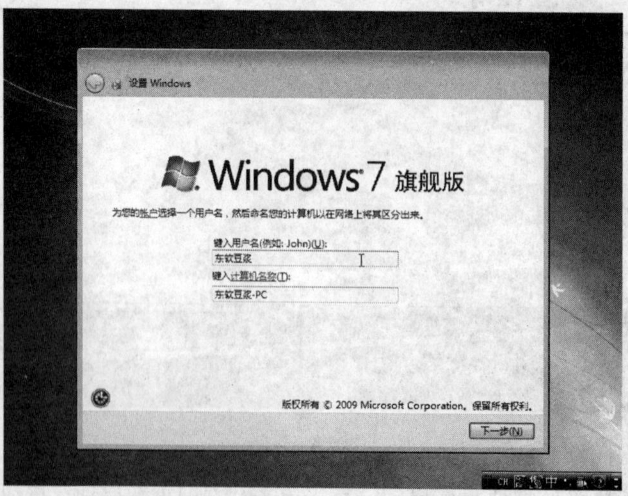

图 4-3-11

（12）设置系统用户密码和密码提示问题，单击“下一步”按钮，如图 4–3–12 所示。

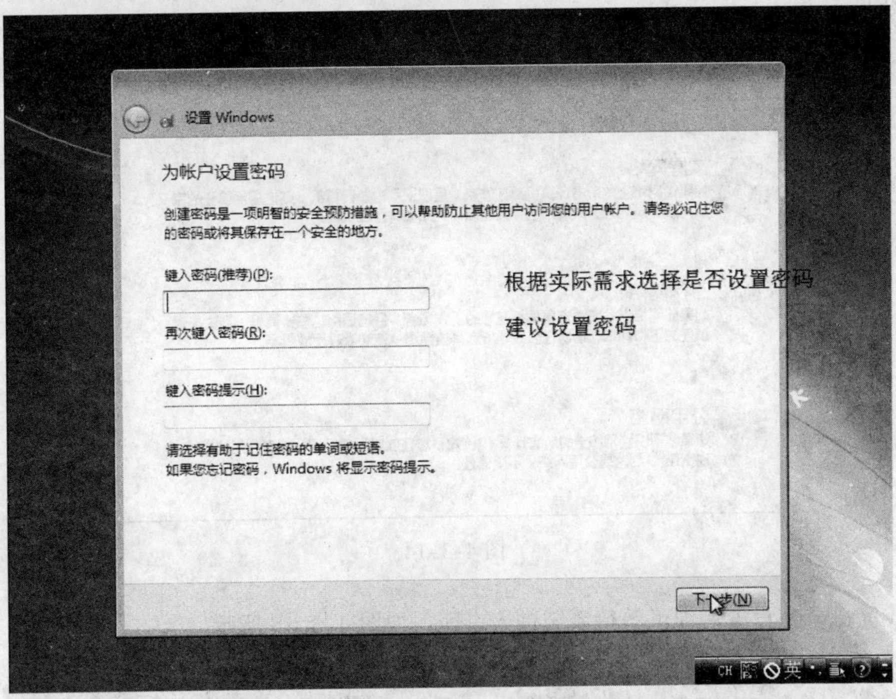

图 4–3–12

（13）进入密钥输入界面，按产品包装中的密钥输入后单击“下一步”按钮，如图 4–3–13 所示。

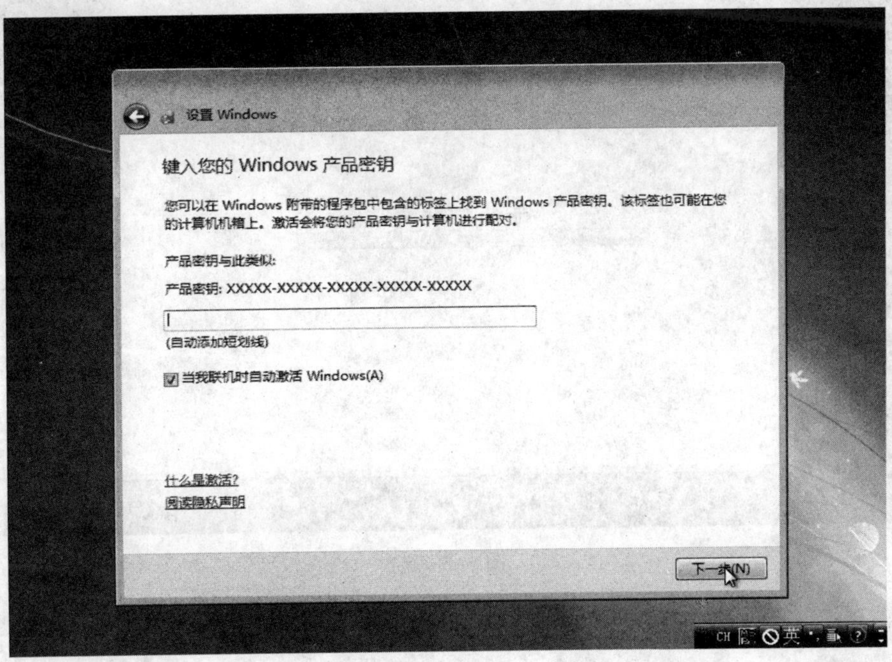

图 4–3–13

（14）在设置完时区选项后进入网络选择界面，可以根据自己的实际情况选择网络，这里选择“工作网络”，如图 4-3-14 所示。

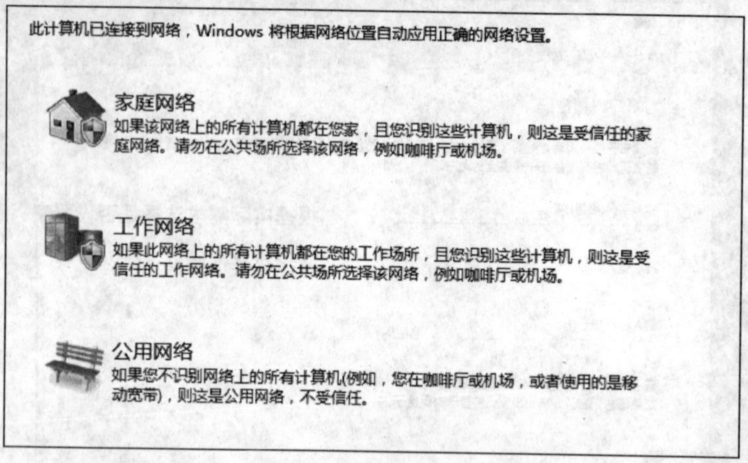

图 4-3-14

（15）完成全部设置后即可等待系统进入桌面，如图 4-3-15 所示。

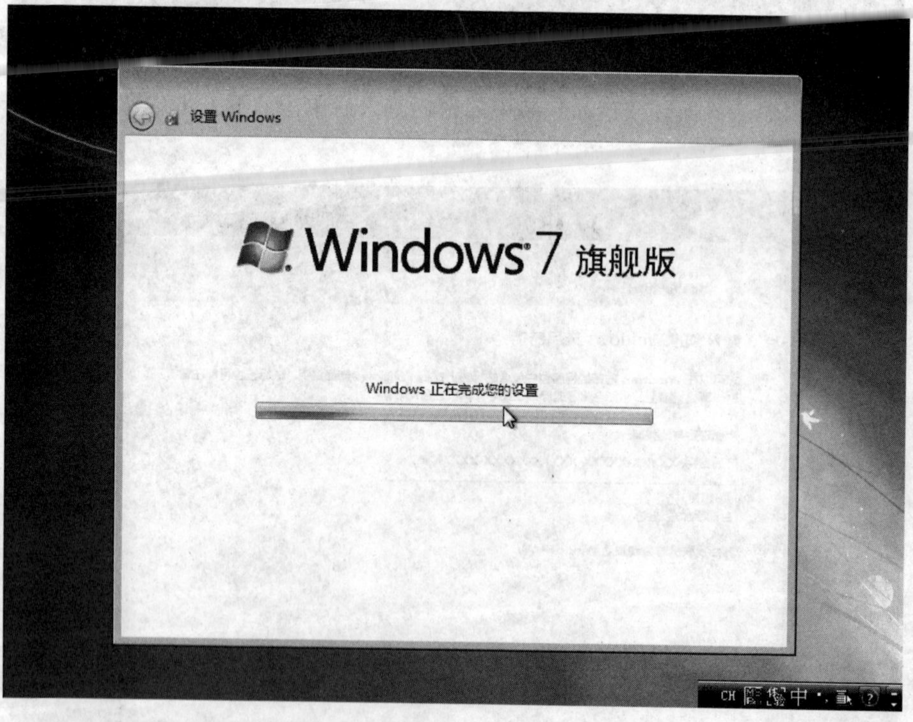

图 4-3-15

（16）登录 Windows 7 系统后进入到系统桌面，出现图 4-3-16 所示的界面。至此，Windows 7 安装完成。

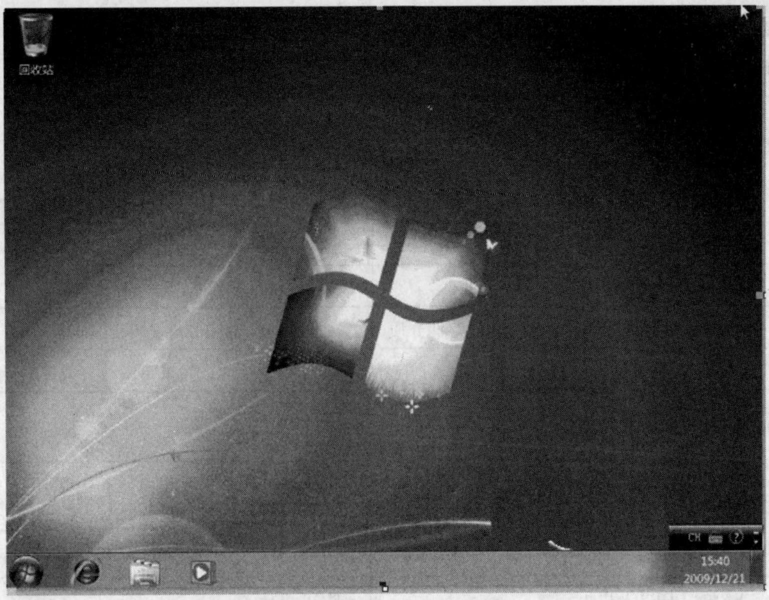

图 4-3-16

知识扩展

现在微软公司最新的操作系统为 Windows 7，Windows 7 是具有革命性变化的操作系统。该系统旨在让人们的日常计算机操作更加简单和快捷，为人们提供高效易行的工作环境。Windows 7（开发代号为 Blackcomb 以及 Vienna，后更改为 7）可供家庭及商业工作环境、笔记本式计算机、平板式计算机、多媒体中心等使用。微软 2009 年 10 月 22 日于美国、2009 年 10 月 23 日于中国正式发布 Windows 7 ，2011 年 2 月 22 日发布 Windows 7 SP1（Build7601.17514.101119-1850）。

1．Windows 7 系统特色

1）更易用

Windows 7 做了许多方便用户的设计，如快速最大化、窗口半屏显示、跳转列表、系统故障快速修复等，这些新功能令 Windows 7 成为最易用的 Windows。

2）更快速

Windows 7 大幅缩减了 Windows 的启动时间，据实测，在 2008 年的中低端配置下运行，系统加载时间一般不超过 20 秒，与 Windows Vista 的 40 余秒相比，是一个很大的进步。

3）更简单

Windows 7 让搜索和使用信息更加简单，包括本地、网络和互联网搜索功能，直观的用户体验更加高级，还会整合自动化应用程序提交和交叉程序数据透明性。

4）更安全

Windows 7 改进了的安全和功能合法性，还会把数据保护和管理扩展到外围设备；改进了基于角色的计算方案和用户账户管理，在数据保护和坚固协作的固有冲突之间搭建沟通桥梁，同时也会开启企业级的数据保护和权限许可。

2. 配置要求

1）最低配置

设备名称	基本要求	备　　注
CPU	1 GHz 及以上	CPU 只要性能好
内存	1 GB 及以上	安装识别的最低内存是 512 MB
磁盘	20 GB 以上可用空间	最好保证系统分区有 30 GB 的大小
显卡	集成显卡 64 MB 以上	128 MB 为打开 AERO 最低配置
其他设备	DVD R/RW 驱动器或者 U 盘等其他存储介质	如果需要可以用 U 盘安装 Windows 7 这需要制作 U 盘引导。
	互联网连接/电话	需要在线激活，如果不激活，最多只能使用 30 天

2）推荐配置

设备名称	基本要求	备　　注
CPU	64 位双核以上等级的处理器	Windows 7 包括 32 位及 64 位两种版本，如果希望安装 64 位版本，则需要支持 64 位运算的 CPU 的支持。
内存	1.5 GB DDR2 及以上	3 GB 更佳
磁盘	20 GB 以上可用空间	最好保证系统分区有 30 GB 的大小
显卡	支持 DirectX 10/Shader Model 4.0 以上级别的独立显卡	显卡支持 DirectX 9 就可以开启 Windows Aero 特效
其他设备	DVD R/RW 驱动器或者 U 盘等其他存储介质	安装使用
	互联网连接/电话	需要在线激活，如果不激活，最多只能使用 30 天

项目练习

使用 Windows 7 自带的分区功能把磁盘分为两个区，C 盘占用 20 GB，D 盘占用 20 GB，把 Windows 7 安装到 C 盘。

任务四　安装驱动程序

课堂任务

在安装完操作系统的计算机中安装驱动程序。

知识要点

主板、显卡、声卡等设备驱动程序的安装。

课程内容

驱动程序英文名为 Device Driver，全称为“设备驱动程序”，是一种可以使计算机和设备通信的特殊程序，相当于硬件的接口。操作系统只有通过这个接口，才能控制硬件设备的工作，假如某设备的驱动程序未能正确安装，便不能正常工作。因此，驱动程序被誉为“硬件的灵魂”、“硬件的主宰”和“硬件和系统之间的桥梁”等。

装完系统后还要安装一些驱动，包括主板、显卡、声卡、网卡、USB、MODE 等。如果有打印机、摄像头等其他设备时，也需要安装驱动。一般安装系统后，可以完全识别或者识别大部分驱动，如果装的系统没有识别到驱动，则需要动手安装驱动程序。硬件越新，这种可能性越大。比如刚装好的操作系统桌面图标很大且颜色难看时便是没有安装好显卡驱动。如果不装显卡驱动，界面可能只有 256 色，分辨率、刷新频率都设置过低；而不装声卡驱动，就会没有声音；不装网卡驱动，就上不了网。简单的说，需要安装驱动的硬件是依赖驱动而生存的。不装驱动光有硬件设备，是没有意义的。

一般的主板都集成声卡、网卡，也有的集成显卡，所以这些驱动都存在主板驱动盘中。一般的驱动盘放入光驱后都会自动播放，如果不自动播放，可以打开驱动盘，Inf 的文件夹为主板驱动，Audio 或者 Sound 的文件夹为声卡驱动，Vga 的文件夹为显卡驱动，Usb 的文件夹为 Usb 驱动，Lan 文件夹为网卡驱动，Sata 的文件夹为 Sata 磁盘驱动（针对 Sata 磁盘而言），Amd 的文件夹为 AMD 的 CPU 控制器驱动（这个一般无须安装）。一般安装主板、显卡驱动后须重启系统，其他的声卡、网卡、USB 驱动，则无须重启系统。

右击“我的电脑”图标，在弹出的快捷菜单中选择“属性”命令，打开“设备管理器”窗口，可看到驱动程序的安装情况，如果有黄色的问号或是叹号图标，说明此设备的驱动安装有问题或都是没有安装驱动程序，如图 4-4-1 所示。

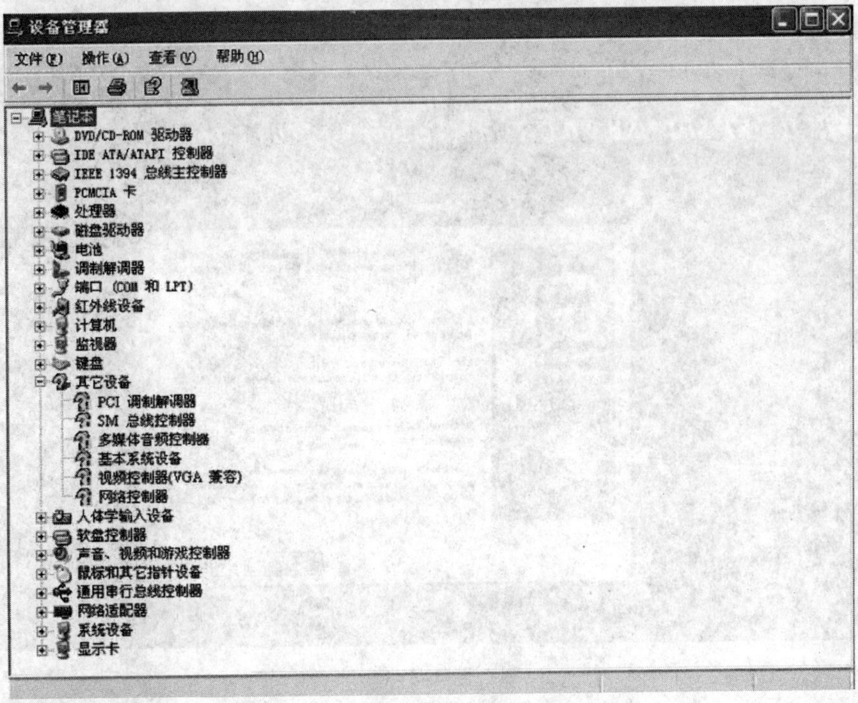

图 4-4-1

以升技 k8pro 主板为例介绍声卡、网卡等的安装，因为这款主板集成声卡、网卡，所以这些驱动都在主板驱动盘中。下面使用系统自动播放和系统不带自动播放的两种方法来进行安装。

第 1 种方法，系统带自动播放功能的安装步骤如下：

（1）放入主板驱动盘到光驱，系统将自动播放，如图 4-4-2 所示。

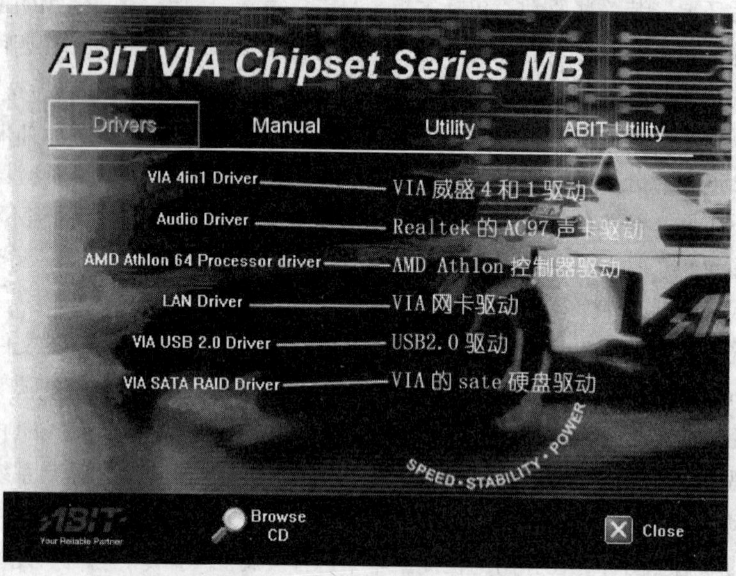

图 4-4-2

（2）单击 VIA USB 2.0 Driver，弹出图 4-4-3 所示的界面。

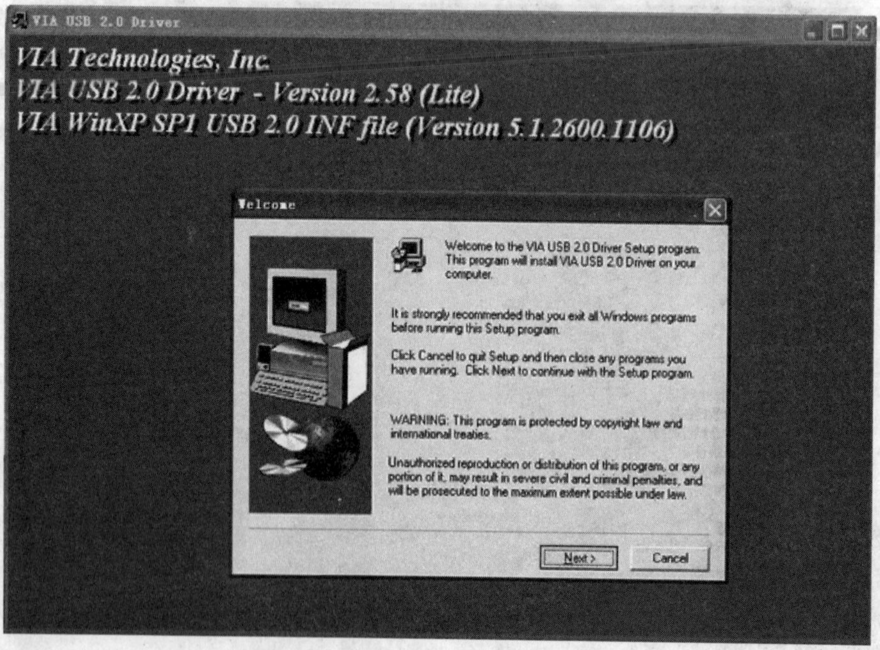

图 4-4-3

（3）保持默认设置，单击 Next 按钮直到出现完成界面，单击“完成”按钮完成安装，至此 USB 驱动安装完成。声卡、显卡、网卡等设备的安装方法和 USB 驱动的安装方法相同。

第 2 种方法，系统不自动播放功能的安装步骤如下：

（1）打开“我的电脑”窗口，右击光驱盘符，在弹出的快捷菜单中选择“打开”命令，如图 4-4-4 所示。

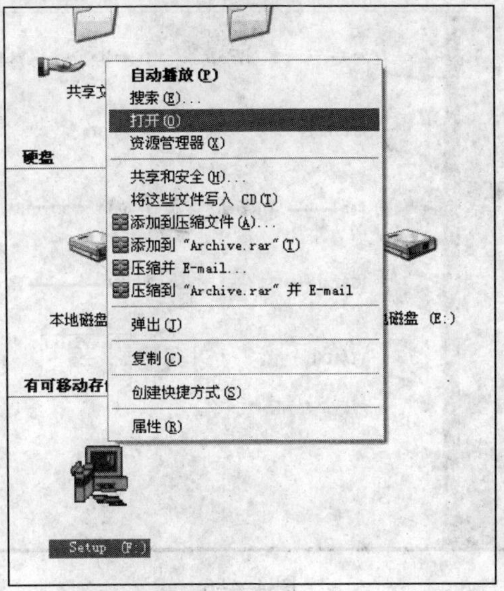

图 4-4-4

（2）打开光盘盘符可以看到名为 Drivers 的文件夹，声卡、网卡、主板等驱动文件都放在该文件夹中，如图 4-4-5 所示。

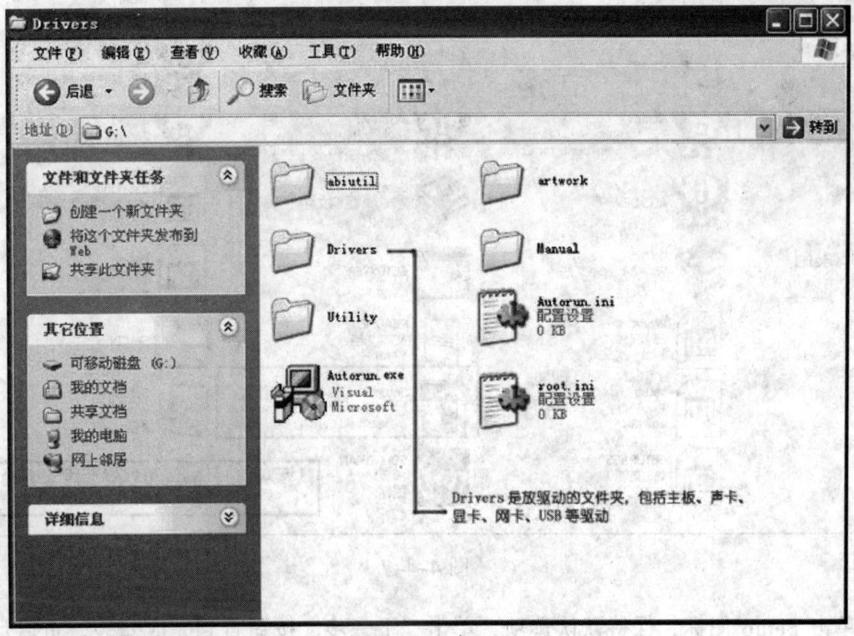

图 4-4-5

（3）打开 Drivers 文件夹，可以看到声卡、网卡、显卡的子文件夹，如图 4-4-6 所示。

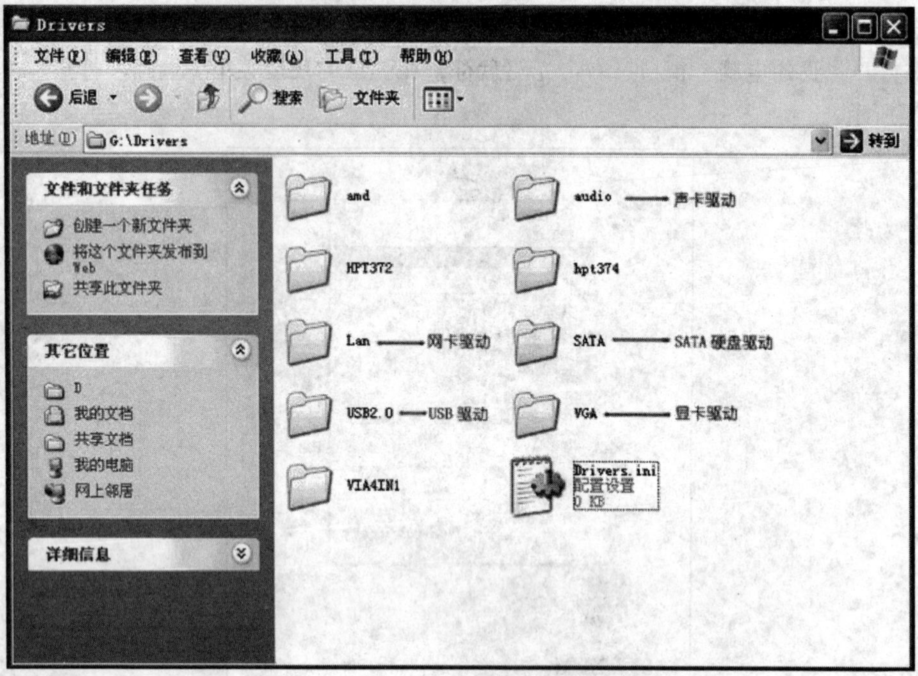

图 4-4-6

（4）以安装声卡的驱动为例，打开 Audio\Realtek 文件夹，如图 4-4-7 所示。

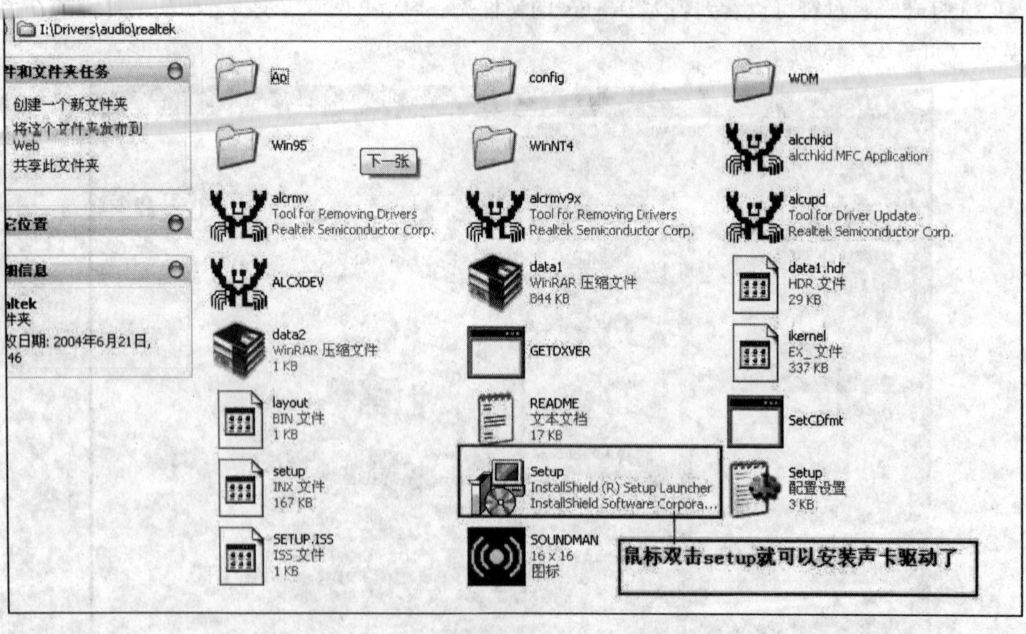

图 4-4-7

（5）单击 Setup 图标，保持默认选项，单击“下一步”按钮直到完成安装，重启计算机即可完成声卡驱动的安装。显卡、网卡的安装方法类似，不再赘述。

（6）USB 驱动的安装方法有点不同，需要右击桌面“我的电脑”图标，在弹出的快捷菜单中选择“属性”命令，弹出“设备管理器”对话框，双击“通用串行总线控制器”选项，弹出“USB Root Hub 属性”对话框，如图 4-4-8 所示。

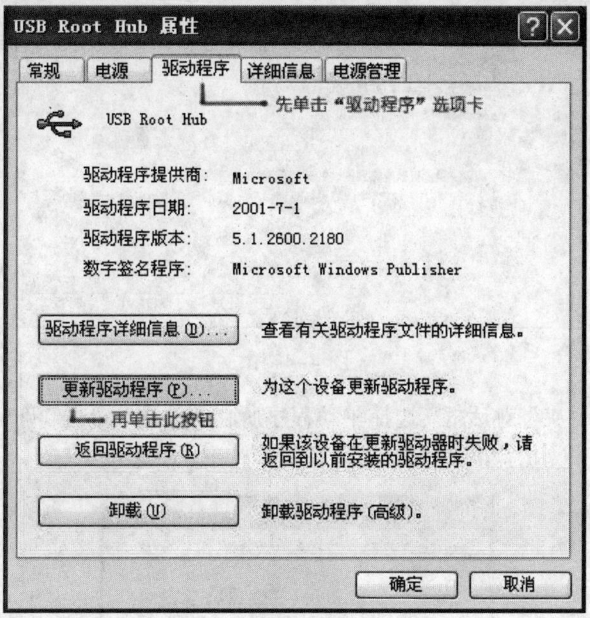

图 4-4-8

（7）打开“驱动程序”选项卡，单击“更新驱动程序”按钮，弹出“硬件更新向导”窗口，选择“从列表或指定位置安装（高级）”单选按钮，单击“下一步”按钮，如图 4-4-9 所示。

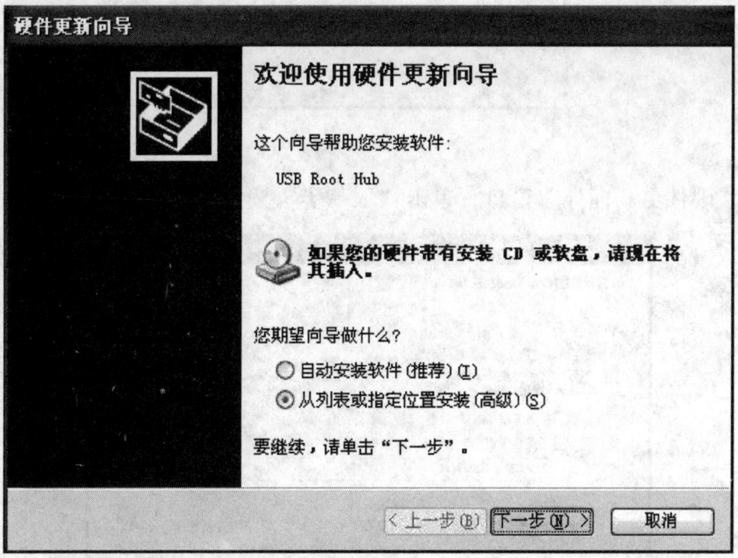

图 4-4-9

（8）勾选“在搜索中包括这个位置”复选框，单击“浏览”按钮，如图 4-4-10 所示。

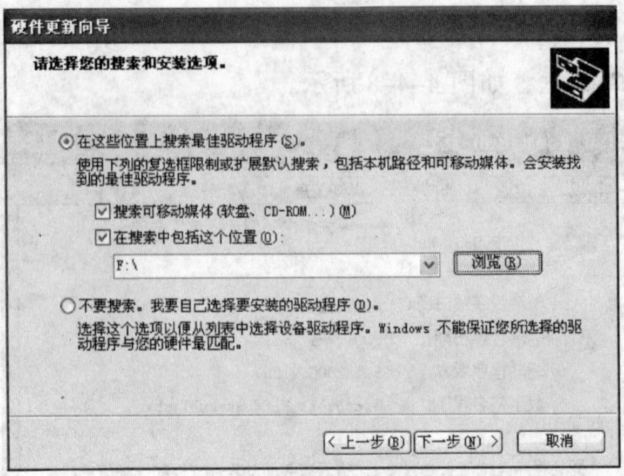

图 4-4-10

（9）打开“浏览文件夹”对话框，选择驱动程序所在的位置，单击“确定”按钮，如图 4-4-11 所示。

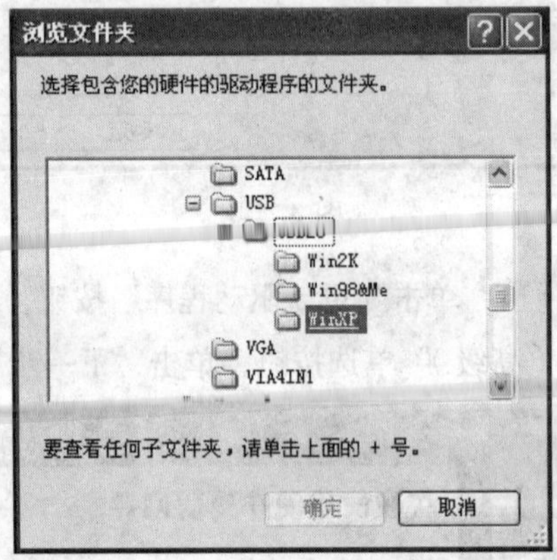

图 4-4-11

（10）返回“硬件更新向导”窗口，单击“下一步”按钮，如图 4-4-12 所示。

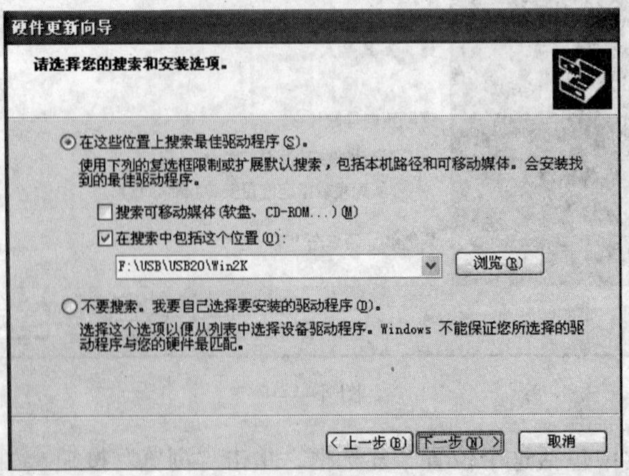

图 4-4-12

至此，完成 USB 驱动的安装。

知识扩展

因各硬件厂家不同，所以与硬件所配套的驱动程序光盘也各不相同。

1. 微星主板

放入微星主板驱动盘后，会自动播放，播放窗口如图 4-4-13 所示。

图 4-4-13

2. 七彩虹 GF5200 显卡

放入七彩虹独立显卡驱动光盘后，会自动播放，播放窗口如图 4-4-14 所示。

图 4-4-14

在安装驱动程序时需要注意：如果打开光盘进行安装，需要考虑操作系统，如果操作系统是Windows 98，则需打开Windows 98文件夹里的驱动进行安装；如果操作系统是Windows ME，则打开Win9X的文件夹，如果是Windows 2000/XP，则可以打开Windows 2000/XP的文件夹，单击文件夹里的Setup图标进行安装即可。

如果光盘带自动播放，按自动播放里的驱动进行安装则更为简单。

项目练习

（1）给新安装完成的Windows 98安装驱动程序。

（2）给新安装完成的Windows XP安装驱动程序。

任务五　安装常用的应用软件

课堂任务

了解什么是应用软件，学会安装日常使用的应用软件。

知识要点

（1）应用软件的种类。

（2）应用软件的安装。

课程内容

1. 理论知识

计算机软件分为系统软件和应用软件两大类。应用软件是用户可以使用的各种程序设计语言编制的应用程序的集合。

应用软件是为满足用户不同领域、不同问题的应用需求而提供的那部分软件，它可以拓宽计算机系统的应用领域，放大硬件的功能。

常见的应用软件主要有以下几种分类：

（1）办公软件：微软Office、WPS。

（2）图像处理：Photoshop。

（3）媒体播放器：PowerDVD XP、realplayer、WindowsMediaPlayer、暴风影音、千千静听。

（4）媒体编辑器：会声会影、声音处理软件cool2.1。

（5）动画编辑工具：Flash、GIF Movie Gear（动态图片处理工具）、picasa、光影魔术手。

（6）通信工具：QQ、MSN、ipmsg（飞鸽传书，局域网传输工具）、百度hi、飞信。

（7）翻译软件：金山词霸、PowerWord、MagicWin（多语种中文系统）、systran。

（8）防火墙和杀毒软件：ZoneAlarm pro、金山毒霸、卡巴斯基、江民、瑞星、诺顿、360 安全卫士。

（9）阅读器：CajViewer、Adobe Reader、PdfFactory Pro。

（10）输入法：紫光输入法、智能 ABC、五笔、QQ 拼音、搜狗。

（11）网络电视：powerplayer、pplive、ppmate、PPNtv、ppstream、QQLive、uusee。

（12）系统优化/保护工具：Windows 清理助手 arswp、Windows 优化大师、超级兔子、奇虎 360 安全卫士、数据恢复文件 EasyRecovery Pro、影子系统、硬件检测工具 everest、MaxDOS（DOS 系统）、GHOST。

（13）下载软件：迅雷、网际快车、bitcomet、eMule、flashget。

2．Office 2003 的安装

Microsoft Office 是常用的办公套装软件，通常包括以下组件：Word、Excel、PowerPoint、Access 等；Office 办公套装软件已成为现代办公不可缺少的重要组成部分，是办公的得力工具。

（1）将 Office 2003 安装光盘放入光驱，安装程序会自动运行（如果光驱的自动播放功能被关闭，可进入安装光盘目录，找到 setup. exe 文件双击后也可启动安装程序），选择“安装 Office 2003 组件”，接着会出现“产品密钥”的输入窗口，查看安装光盘封面或光盘内的 sn.txt 文件可找到这个密钥，正确输入安装密钥后单击“下一步”按钮，如图 4-5-1 所示。

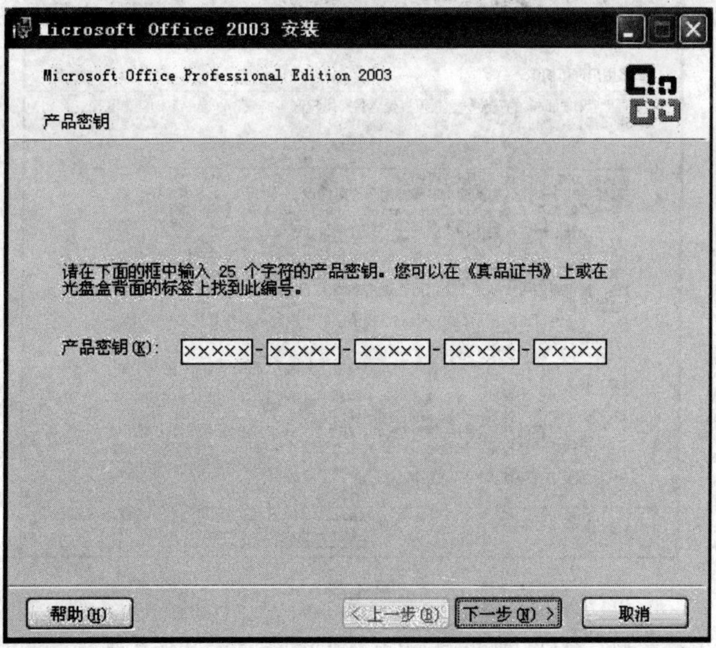

图 4-5-1

（2）进入“用户信息”窗口，任意输入信息后单击“下一步”按钮，如图 4-5-2 所示。

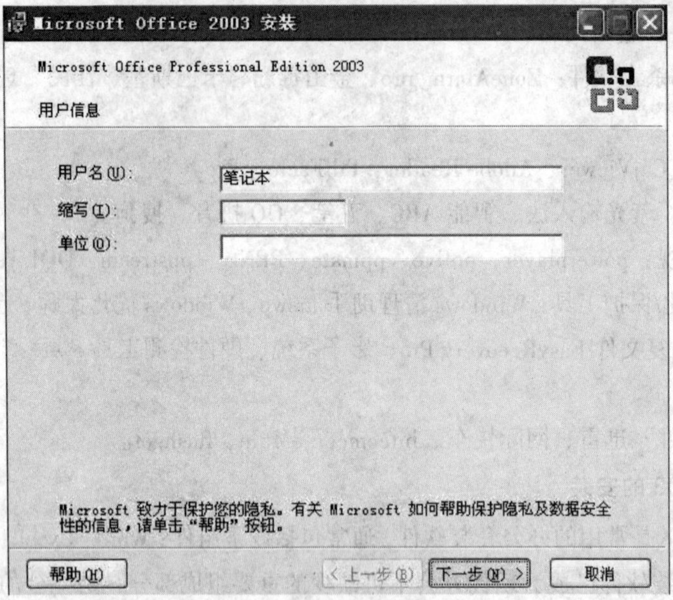

图 4-5-2

（3）弹出“最终用户许可协议”窗口，勾选“我接受《许可协议》中的条款”复选框，单击“下一步”按钮，如图 4-5-3 所示。

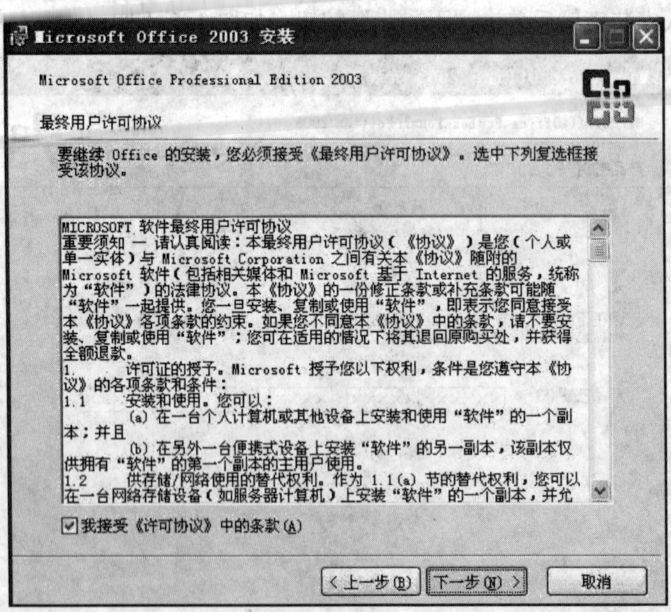

图 4-5-3

（4）弹出“安装类型”窗口，如果对 Office 软件的组件没有什么要求，可以选择“典型安装”单选按钮；如果对安装组件有一定的选择，可根据需要对安装的组件进行选择；同时可以设置 Office 的安装路径。这里选择“自定义安装”单选按钮，单击“下一步”按钮，如图 4-5-4 所示。

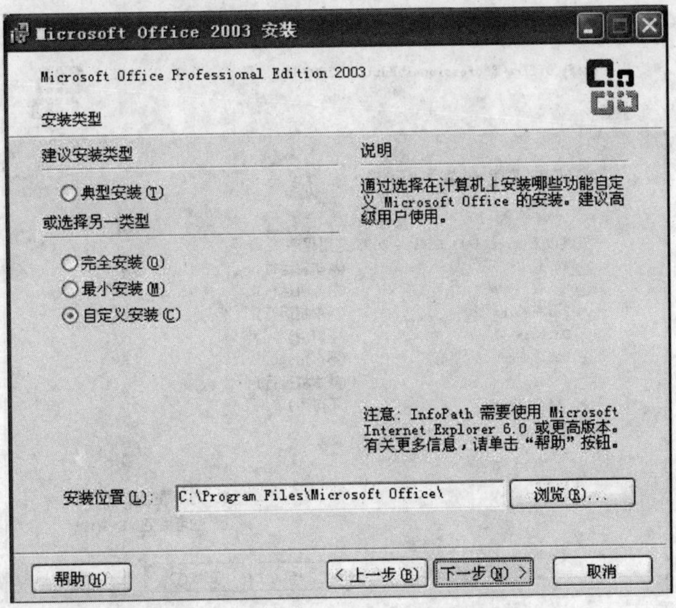

图 4-5-4

（5）进入“自定义安装”窗口，可以根据需要 Office 组件，单击“下一步”按钮，如图 4-5-5 所示。

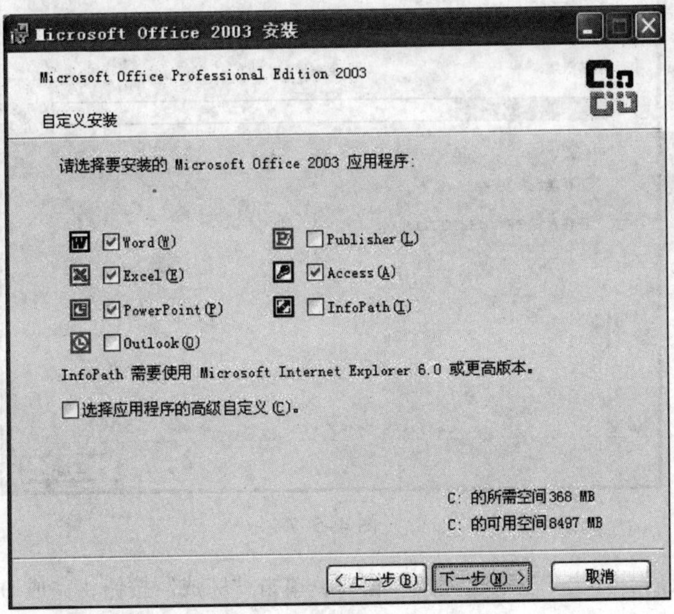

图 4-5-5

（6）单击“安装”按钮，开始安装被选择的 Office 组件，如图 4-5-6 所示，开始复制新文件，复制过程需要几分钟时间，请耐心等候，如图 4-5-7 所示。

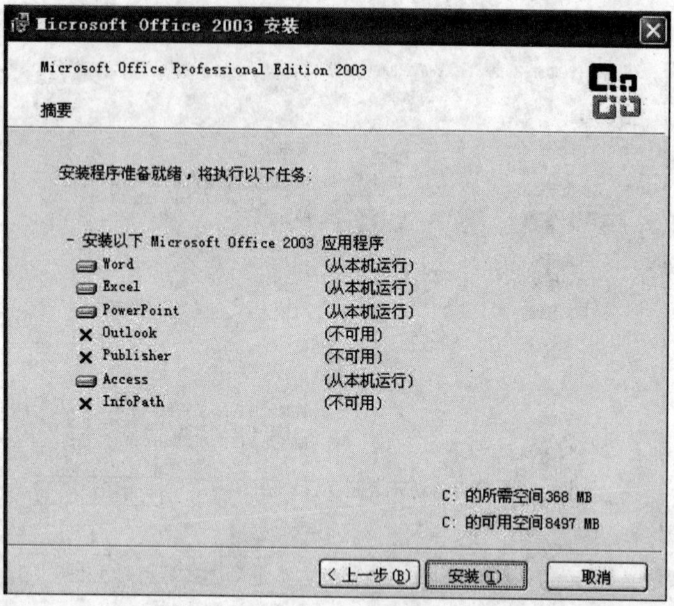

图 4-5-6

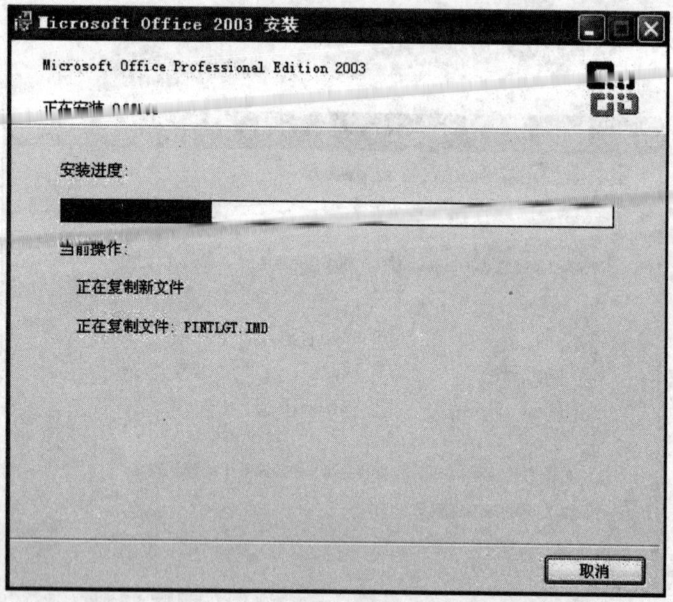

图 4-5-7

（7）安装完成后，弹出“安装已完成”窗口，单击“完成”按钮，完成 Office 2003 的安装，如图 4-5-8 所示。

安装完成之后选择“开始”→“所有程序”→“Microsoft Office”菜单中的命令即可启动选择安装的各个组件程序。

3. WinRAR 的安装

WinRAR 是一款功能强大的压缩包管理器，是档案工具 RAR 在 Windows 环境下的图形界面。

该软件可用于备份数据，缩减电子邮件附件的大小，解压缩从 Internet 上下载的 RAR、ZIP 2.0 等格式的压缩文件，并可新建 RAR 及 ZIP 格式的压缩文件，是现在装机必备的一款应用软件。

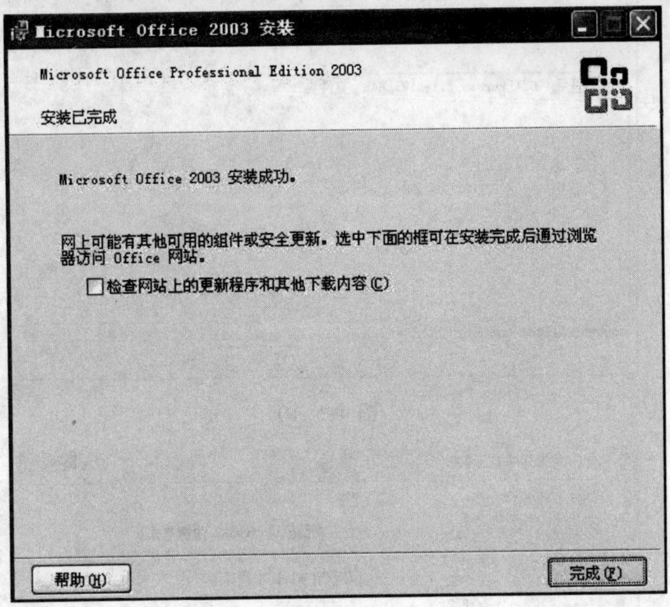

图 4-5-8

可以从网站或工具盘中找到 WinRAR 的安装程序，双击安装程序弹出安装窗口，可以在“目录文件夹”文本框中输入或通过“浏览”按钮找到安装的目录，然后单击“安装”按钮，如图 4-5-9 所示。

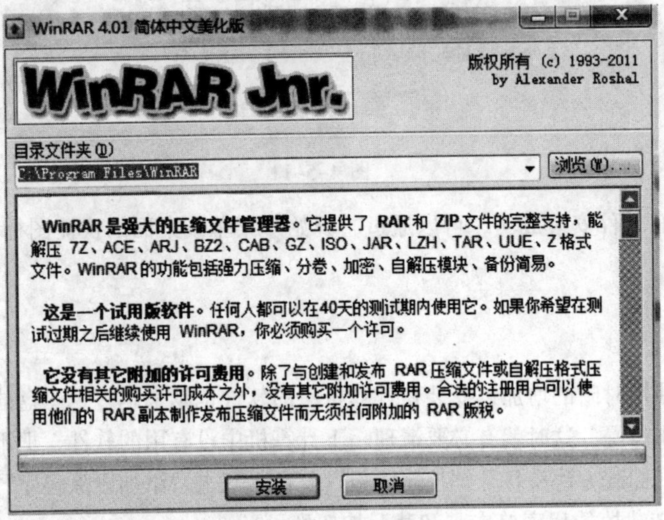

图 4-5-9

软件开始进行安装并出现安装进度条，如图 4-5-10 所示。

程序安装完成后会出现设置窗口，可以设置使用 WinRAR 关联的压缩文件格式和其他设置，这里保持默认设置，单击“确定”按钮，如图 4-5-11 所示。

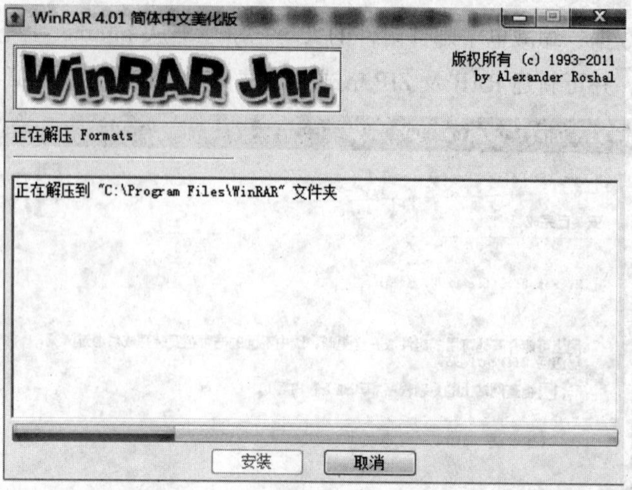

图 4-5-10

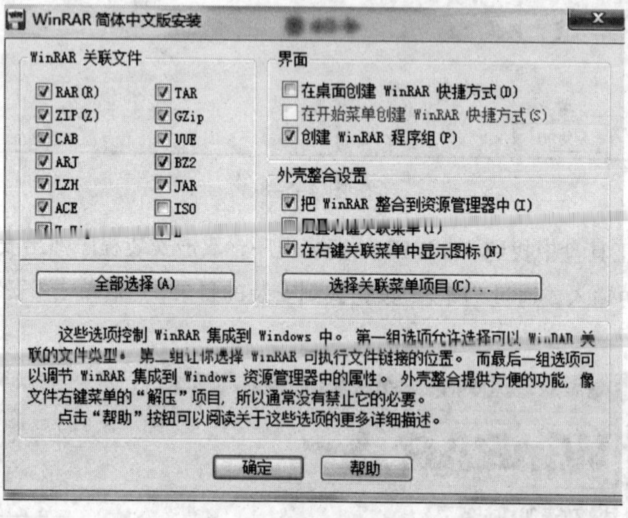

图 4-5-11

至此 WinRAR 软件安装成功，可以通过“开始”菜单或桌面的快捷图标来启动 WinRAR。

知识扩展

随着计算机使用时间的增加，安装在计算机中的软件也越来越多，磁盘的空间越来越小，计算机的速度倒越来越慢，这时就有必要清理一下计算机中没有用的软件，把不使用的或是很少使用的软件卸载掉。卸载方法是打开“控制面板”窗口，双击“添加删除程序”图标打开卸载程序的窗口，选择要卸载掉的程序单击“卸载”按钮即可。

项目练习

（1）简述什么是应用软件。

（2）在已安装完成系统软件的计算机上安装 Office 2003 办公软件。

（3）在已安装完成系统软件的计算机上安装影音播放软件暴风影音。

项目实训　在计算机上安装常用的应用软件

（1）安装办公软件金山的 WPS。

（2）安装网络聊天软件 QQ。

（3）安装音乐播放软件 QQ 音乐。

（4）安装娱乐软件 QQ 游戏大厅。

项目五 计算机的外设与其他存储设备

输入/输出设备是计算机的外围设备之一。输入设备是向计算机输入数据和信息的设备，是计算机与用户或其他设备通信的桥梁。键盘、鼠标、摄像头、扫描仪、光笔、手写输入板、游戏杆、语音输入装置等都属于输入设备。输出设备是人与计算机交互的一种部件，用于数据的输出。它把各种计算结果数据或信息以数字、字符、图像、声音等形式表示出来。显示器、打印机、绘图仪、影像输出系统、语音输出系统、磁记录设备等都属于输出设备。

主要内容：

- 鼠标和键盘
- 扫描仪
- 显示器
- 打印机

任务一　鼠标和键盘的接口与分类

课堂任务

了解鼠标的作用与接口类型，掌握鼠标按工作原理的分类及键盘的分类方法。

知识要点

（1）鼠标的接口。

（2）鼠标的分类。

（3）键盘的分类。

课程内容

1. 鼠标

鼠标是显示系统纵横位置的指示器，因形似老鼠而得名“鼠标”。“鼠标”的标准名称是鼠标器，英文名 Mouse。鼠标的使用是为了使计算机的操作更加简便，代替键盘烦琐的指令。

鼠标按接口类型可分为串行鼠标、PS/2 鼠标、总线鼠标、USB 鼠标（多为光电鼠标）4 种。串行鼠标是通过串行口与计算机相连，有 9 针接口和 25 针接口两种；PS/2 鼠标通过一个 6 针微型 DIN 接口与计算机相连，它与键盘的接口非常相似，使用时注意区分；总线鼠标的接口在总线接口卡上；USB 鼠标通过一个 USB 接口，直接插在计算机的 USB 口上。

鼠标按其工作原理及其内部结构的不同可分为机械式、光机式和光电式 3 种。

1）机械鼠标

机械鼠标（见图 5-1-1）主要由滚球、辊柱和光栅信号传感器组成。拖动鼠标时，带动滚球转动，滚球又带动辊柱转动，装在辊柱端部的光栅信号传感器产生的光电脉冲信号反映出鼠标在垂直和水平方向的位移变化，再通过计算机程序的处理和转换来控制屏幕上光标箭头的移动。

图 5-1-1

2）光机式鼠标

光机式鼠标是一种光电和机械相结合的鼠标。它在机械鼠标的基础上，将磨损最厉害的接触式电刷和译码轮改为非接触式的 LED 对射光路元件。当小球滚动时，X、Y 方向的滚轴带动码盘旋转。安装在码盘两侧有两组发光二极管和光敏三极管，LED 发出的光束有时照射到光敏三极管上，有时则被阻断，从而产生两组相位相差 90° 的脉冲序列。脉冲的个数代表鼠标的位移量，而相位表示鼠标运动的方向。由于采用了非接触部件，降低了磨损率，从而大大提高了鼠标的寿命并使鼠标的精度有所增加。光机式鼠标的外形与机械鼠标没有区别，不打开鼠标的外壳很难分辨。

3）光电鼠标

光电鼠标是通过检测鼠标的位移，将位移信号转换为电脉冲信号，再通过程序的处理和转换来控制屏幕上的光标箭头的移动。光电鼠标用光电传感器代替了滚球，如图 5-1-2 所示。

2．键盘

计算机键盘是从英文打字机键盘演变而来的，当它最早出现在计算机上时，是以一种叫做“电传打字机”的部件的形象出现，主要功能是输入资料，如图 5-1-3 所示。

图 5–1–2

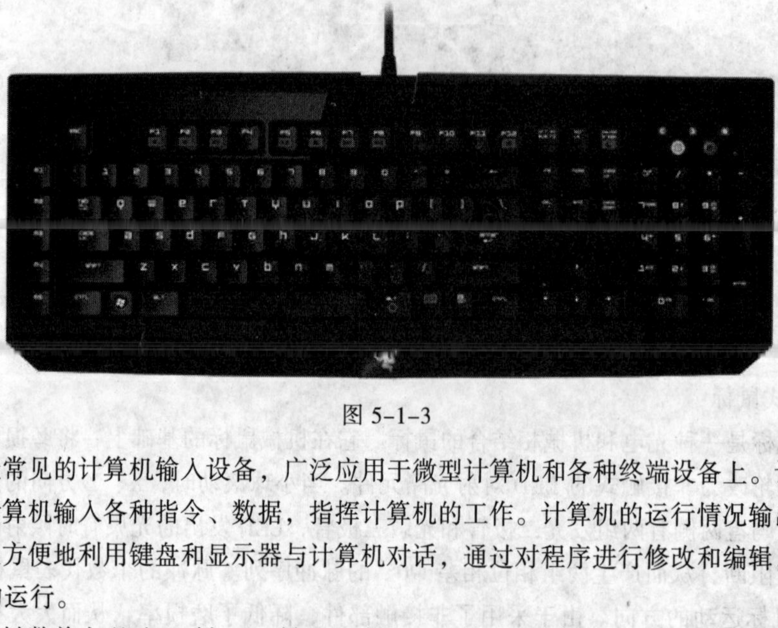

图 5–1–3

键盘是最常见的计算机输入设备，广泛应用于微型计算机和各种终端设备上。计算机操作者通过键盘向计算机输入各种指令、数据，指挥计算机的工作。计算机的运行情况输出到显示器，操作者可以很方便地利用键盘和显示器与计算机对话，通过对程序进行修改和编辑，可以控制和观察计算机的运行。

键盘的按键数曾出现过 83 键、93 键、96 键、101 键、102 键、104 键、107 键等。104 键的键盘是在 101 键键盘的基础上为 Windows 9X 平台提供增加了 3 个快捷键，所以也被称为 Windows 9X 键盘，但在实际应用中习惯使用 Windows 键的用户并不多。在某些需要大量输入单一数字的系统中还有一种小型数字输入键盘，基本是将标准键盘的小键盘独立出来，以达到缩小体积、降低成本的目的。

常规的键盘有机械式按键和电容式按键两种。机械式键盘是最早被采用的结构，一般类似金属接触式开关的原理使触点导通或断开，具有工艺简单、维修方便、手感一般、噪声大、易磨损的特性，大部分廉价的机械键盘采用铜片弹簧作为弹性材料，铜片易折易失去弹性，使用时间一长故障率升高，现在已基本被淘汰。电容式键盘基于电容式开关的键盘，原理是通过按键改变电极间的距离产生电容量的变化，暂时形成振荡脉冲允许通过的条件。理论上这种开关是无触点非接触式的，磨损率极小甚至可以忽略不计，也没有接触不良的隐患，具有噪声小，容易控制手感，可以制造出高质量的键盘，但工艺较机械结构复杂。还有一种用于工控机的键盘为了完全密封采用轻触薄膜按键，只适用于特殊场合。

键盘按外形分为标准键盘和人体工程学键盘。人体工程学键盘是在标准键盘上将指法规定的左手键区和右手键区两大板块左右分开，并形成一定角度，使操作者不必有意识地夹紧双臂，保持一种比较自然的形态，这种设计的键盘被微软公司命名为自然键盘（Natural Keyboard）。对于习惯盲打的用户可以有效地减少左右手键区的误击率，如字母 G 和 H。有的人体工程学键盘还有意加大常用键如空格键和回车键的面积，在键盘的下部增加护手托板，给前悬空手腕以支持点，减少由于手腕长期悬空而导致的疲劳。人体工程学键盘被视为人性化的设计，如图 5-1-4 所示。

图 5-1-4

项目练习

（1）鼠标按其工作原理及内部结构的不同可以分为哪几类？简述各类的特点。
（2）简述键盘的分类。

任务二　扫描仪的使用

课堂任务

了解扫描仪的作用与分类，掌握扫描仪的技术指标和安装方法。

知识要点

（1）扫描仪的分类。
（2）扫描仪的技术指标。
（3）扫描仪的安装方法。

课程内容

扫描仪是一种计算机外部仪器设备，通过捕获图像并将之转换成计算机可以显示、编辑、存储和输出的数字化输入设备。照片、文本页面、图纸、美术图画、照相底片、菲林软片等都可作为扫描对象。

1．扫描仪的分类

扫描仪可分为三大类型：笔式扫描仪、滚筒式扫描仪、平板式扫描仪。

1）笔式扫描仪

笔式扫描仪扫描宽度大约和四号汉字相同，使用时，贴在纸上逐行扫描，主要用于文字识别，还可以扫描照片、名片等。之前的扫描笔都是连接计算机，现在的笔式扫描仪已经实现了脱机扫描，携带特别方便，如图 5-2-1 所示。

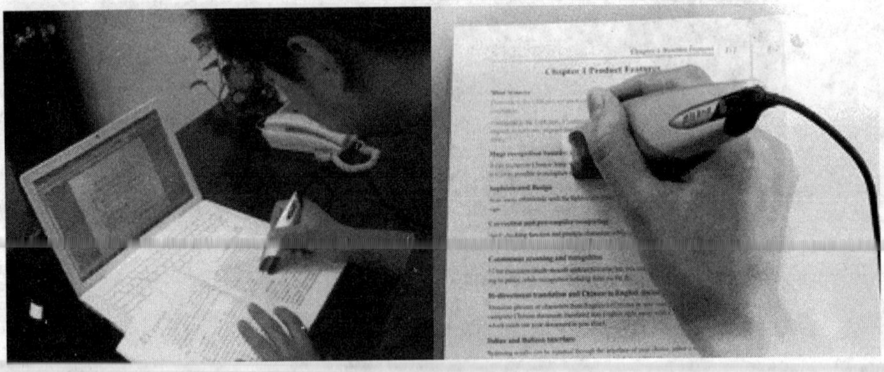

图 5-2-1

2）滚筒式扫描仪

滚筒式扫描仪一般使用光电倍增管，因此它的密度范围较大，而且能够分辨出图像更细微的层次变化。滚筒式扫描仪是目前最精密的扫描仪器，一直是高精密度彩色印刷的最佳选择，如图 5-2-2 所示。

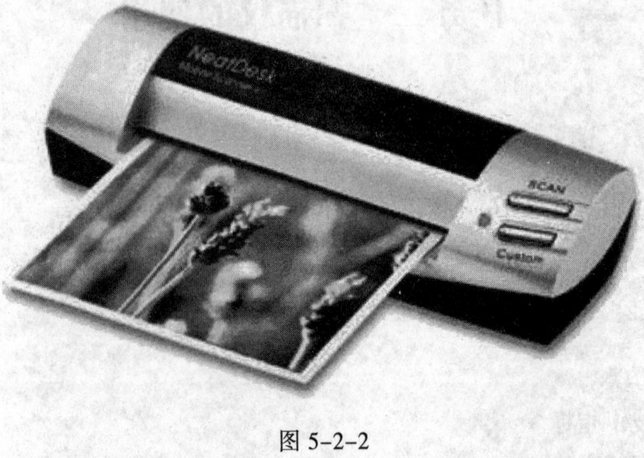

图 5-2-2

3）平板式扫描仪

平板式扫描仪又称为平台式扫描仪、台式扫描仪，是目前办公用扫描仪的主流产品。从指标上来看，这类扫描仪光学分辨率在 300～8 000 dpi 之间，色彩位数从 24 位到 48 位，部分产品可安装透明胶片扫描适配器用于扫描透明胶片，少数产品可安装自动进纸实现高速扫描。扫描幅面一般为 A4 或是 A3，如图 5-2-3 所示。

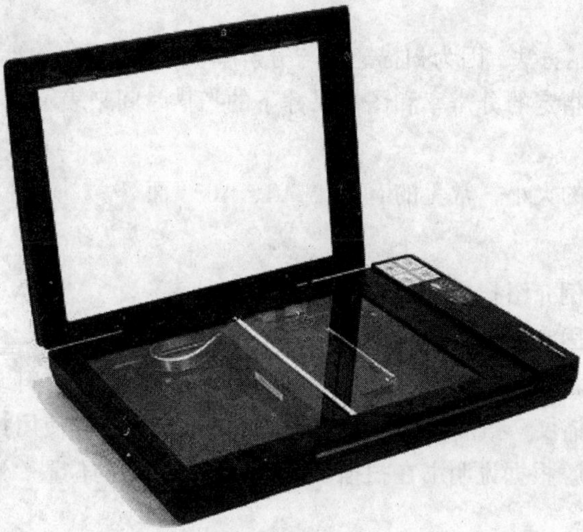

图 5-2-3

2. 扫描仪的工作原理

以平板式扫描仪为例，扫描仪的工作原理如下：平板式扫描仪获取图像的方式是先将光线照射扫描的材料，光线反射回来后由 CCD 光敏元件接收并实现光电转换。

当扫描不透明的材料如照片、打印文本以及标牌、面板、印制板实物时，材料上黑的区域反射较少的光线，亮的区域反射较多的光线，而 CCD 器件可以检测图像上不同光线反射回来的不同强度的光，通过 CCD 器件将反射光波转换成为数字信息，用 1 和 0 的组合表示，最后由控制扫描仪操作的扫描仪软件读入这些数据，并重组为计算机图像文件。

而当扫描透明材料如制版菲林软片、照相底片时，扫描工作原理相同，不同的是不是利用光线的反射，而是让光线透过材料，再由 CCD 器件接收，扫描透明材料需要特别的光源补偿——透射适配器（TMA）装置来完成这一功能。

3. 扫描仪的技术指标

1）分辨率

分辨率是扫描仪最主要的技术指标，它表示扫描仪对图像细节上的表现能力，即决定了扫描仪所记录图像的细致度，其单位为 dpi。通常用每英寸长度上扫描图像所含有像素点的个数来表示。目前大多数扫描的分辨率在 300～2 400 dpi 之间。dpi 数值越大，扫描的分辨率越高，扫描图像的品质越好，但这是有限度的。当分辨率大于某一特定值时，只会使图像文件增大而不易处理，并不能对图像质量产生显著的改善。对于丝网印刷应用而言，6 000 dpi 就已经足够了。

2）灰度级

灰度级表示图像的亮度层次范围。级数越多扫描仪图像亮度范围越大、层次越丰富，目前多数扫描仪的灰度为 256 级。256 级灰阶已经能真实呈现出比肉眼所能辨识出来的层次还多的灰阶层次。

3）色彩数

色彩数表示彩色扫描仪所能产生颜色的范围，就是屏幕上最多显示颜色的种数。色彩数越多扫描图像越鲜艳真实。

4）扫描速度

扫描速度有多种表示方法，因为扫描速度与分辨率、内存容量、软盘存取速度以及显示时间、图像大小有关，通常用指定的分辨率和图像尺寸下的扫描时间来表示。

5）扫描幅面

表示扫描图稿尺寸的大小，常见的有 A4、A3、A0 幅面等。

4．扫描仪的安装

以平板式扫描仪为例介绍扫描仪的安装。

1）拆卸扫描仪的固定件

打开扫描仪的外包装后，先将扫描仪中残留的绝缘胶带、泡沫材料或各种固定件取下来。为了在运送过程中保护扫描仪，扫描仪还有一个固定螺钉。在安装和使用扫描仪之前，必须先松开固定螺钉（见图 5-2-4）。根据说明书在扫描仪中找到固定螺钉的位置，然后用螺钉旋具，以逆时针方向旋转即可。

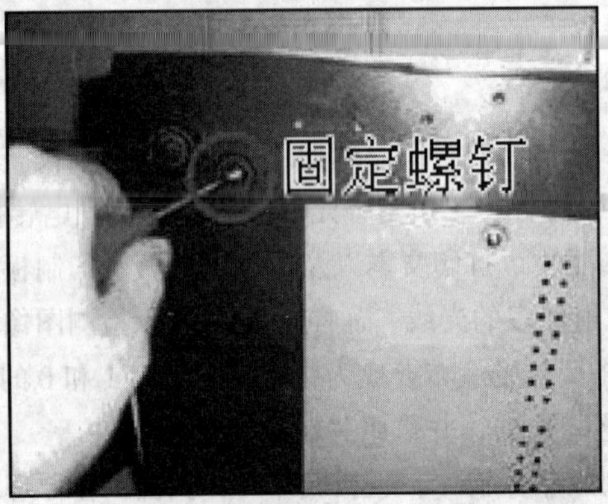

图 5-2-4

2）安装扫描仪程序

首先要安装扫描仪的驱动程序，将扫描仪的安装光盘放入光驱，会自动弹出安装程序窗口。其次，根据需要安装其他配合扫描仪使用的工具软件，如 Photoshop 等。

3）连接扫描仪

目前扫描仪与计算机的连接方式主要有两种方法：USB 连接和并口连接。

（1）USB 连接方法。目前，USB 扫描仪由于其速度快、安装方法简单而成为市场上的主流，没有任何使用经验的用户也能在很短的时间内迅速安装好 USB 扫描仪。

① 将扫描仪电源线的三脚电源插头插入电源插座里，再将另一端电源插头插入扫描仪背后名为 PWR 的电源插座里，如图 5-2-5 所示。

图 5-2-5

② 将 USB 线的一端插入扫描仪的 USB 接口里，再将 USB 线的另一端插入主机的 USB 接口里，即完成 USB 扫描仪的硬件安装，如图 5-2-6 所示。

图 5-2-6

（2）并口连接方法。并口扫描仪与 USB 接口扫描仪的主要区别在于并口必须在计算机断电的状态下连接，否则有可能烧毁硬件，而且只有重新启动计算机以后才能被计算机识别。连接方法如下：

① 在连接扫描仪和计算机之前，请确定扫描仪驱动程序已正确安装，然后关闭计算机。

② 将扫描仪附带的数据线分别插入扫描仪和主机的相应接口，然后拧紧插头上的固定螺钉。

③ 插上扫描仪的电源，并将电源线圆形插头插入扫描仪的电源孔，如图 5-2-7 所示。

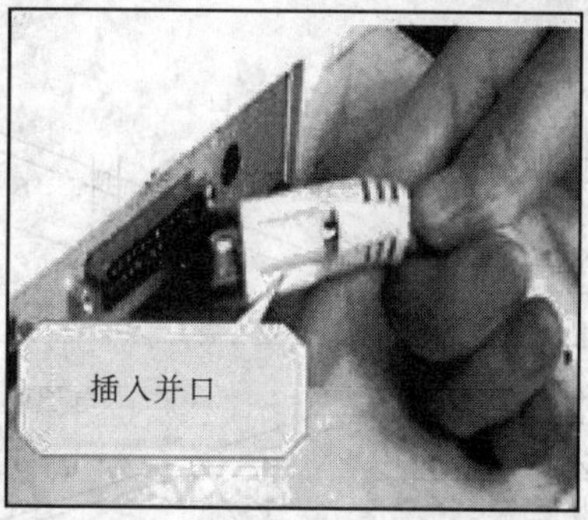

图 5-2-7

④ 打开扫描仪开关，等到面板上的灯停止闪烁后打开计算机电源。

项目练习

将扫描仪连接至计算机，并安装驱动程序。

任务三　CRT 和 LCD 显示器的技术指标

课堂任务

了解主流显示器，掌握 CRT 和 LCD 显示器的技术指标。

知识要点

（1）CRT 显示器的技术指标。
（2）LCD 显示器的技术指标。

课程内容

显示器通常也被称为监视器，属于计算机的 I/O 设备，即输入/输出设备。它是一种将一定的电子文件通过特定的传输设备显示到屏幕上再反射到人眼的显示工具，分为 CRT、LCD 等多种。

计算机显示器分为 CTR 显示器和 LCD 液晶显示器两种，CTR 显示器因为体积过大和辐射强而逐渐面临淘汰。

1. CRT 显示器

CRT 显示器的核心部件是 CRT 显像管。经典的 CRT 显像管使用电子枪发射高速电子，经过垂直和水平的偏转线圈控制高速电子的偏转角度，最后高速电子击打屏幕上的磷光物质使其发光，通过电压来调节电子束的功率，就会在屏幕上形成明暗不同的光点，形成各种图案和文字，如图 5-3-1 所示。

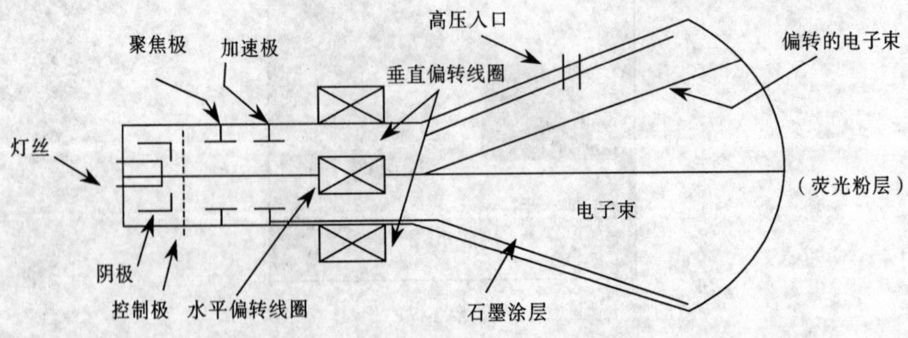

图 5-3-1

彩色显像管屏幕上的每一个像素点都由红、绿、蓝 3 种涂料组合而成。

CRT 显示器的技术指标如下：

1）点距

点距是指显示器的显像管上相邻的两个同色荧光像素点之间的间距。对于采用柱面显像管的显示器则用栅距来表示。从某种意义上讲，点距决定了一台显示器的显示效果。点距越小，显示效果越好。

2）分辨率

分辨率是显示器的显像管上所有像素点的一个量化指标，定义了显示器的画面解析度。分辨率通常用水平方向的像素点数与垂直方向的像素点数的乘积来表示。每台显示器通常都有多种分辨率模式，如 640×480、800×600、1 024×768 等，但其最大分辨率是由点距和显像管面积决定的。

3）扫描方式

CRT 显示器的扫描方式有隔行扫描与逐行扫描两种。前者多出现在早期产品中，指显像管在显示一幅图像时，电子枪先扫描奇数行，全部完成后再扫描偶数行，因此每幅画面需扫描两次才能完成，造成画面闪烁较大，现已基本淘汰。而逐行扫描是从屏幕左上角的第一行起逐行扫描，显示一幅图像只需扫描一次，显示效果好，现已成技术主流。

4）场频

场频也称为垂直扫描频率或刷新频率，指显示器每秒所能显示的图像次数，以 Hz 作为单位。场频是表示显示器性能的一个重要指标，场频越大，图像刷新的次数越多，带给视觉的闪烁感就越小。

5）行频

行频也称为水平扫描频率，指的是显像管的电子枪，每秒在荧光屏上扫描过的水平线的数量，其数值等于垂直方向像数与场频的乘积，以 kHz 为单位。行频也是表示显示效果的一个指标，体现了显示器的最大分辨率和刷新速度。

6）带宽

带宽指的是显像管电子枪每秒所扫描的像素点的数量，其数值等于水平像素点数×垂直像素点数×场频×额外损耗，以 MHz 作为单位。带宽比行频更能反映显示器的性能，带宽越宽，预示着分辨率及场频也越大，即表示它所能处理的频率越高，图像的失真越小，图像的质量越好。

7）显示面积

显示面积指显像管的可见部分的面积。显像管的大小通常以对角线的长度来衡量（见图 5-3-2），以英寸（in）为单位（1 in=2.54 cm），常见的有 14 in、15 in、17 in、20 in 等。显示面积都会小于显示管的大小。显示面积用长与高的乘积来表示，通常人们也用屏幕可见部分的对角线长度来表示，比如 15 in 显示器的显示面积一般是 13.5 in，这会因显示器的品牌不同略有差异，比较好的 15 in 显示器的显示面积可以达到 13.8 in。很显然，显示面积越大越好，但这意味着价格的大幅上升。

2. LCD 显示器

随着技术的发展和人们要求的不断提高，传统的阴极射线管（CRT）显示器的体积大、重量大和功耗大的缺点越来越突出。特别是在便携式、小型化和低功耗的应用中，人们期望着体积小、重量轻和功耗小的平板显示器的出现。在这种需求的推动下，液晶显示器（LCD）应运而生。液晶显示器（LCD）具有轻薄短小、低耗电量、无辐射，平面直角显示以及影像稳定不闪烁等多方面的优势，近年来，其价格也在不断下跌，所以它已经占领了相当大的市场，逐渐取代 CRT 的主流地位。

图 5-3-2

LCD 显示器的技术指标如下：

1）分辨率

LCD 是通过液晶像素实现显示的，但由于液晶像素的数目和位置都是固定不变的，所以液晶只有在标准分辨率下才能实现最佳显示效果，而在非标准的分辨率下则是由 LCD 内部的 ic 通过插值算法计算而得，因此画面会变得模糊不清。LCD 显示器的真实分辨率根据 LCD 的面板尺寸而定，15 in 的真实分辨率为 1 024×768，17 in 为 1 280×1 024。

2）响应时间

响应时间是 LCD 显示器的一个重要指标，它是指各像素点对输入信号反应的速度，即像素由暗转亮或由亮转暗的速度，其单位是毫秒（ms）。响应时间越小越好，如果响应时间过长，在显示动态影像时，就会产生较严重的“拖尾”现象。目前大多数 LCD 显示器的响应速度都在 25 ms 左右，一些高端产品反应速度已达到 5 ms。

3）可视角度

可视角度也是 LCD 显示器非常重要的一个参数。它是指用户可以从不同的方向清晰地观察屏幕上所有内容的角度。由于提供 LCD 显示器显示的光源经折射和反射后输出时已有一定的方向性，在超出这一范围观看就会产生色彩失真现象，目前市场上出售的 LCD 显示器的可视角度都是左右对称的，但上下就不一定对称了，常常是上下角度小于左右角度。但是随着现在 LCD 技术的不断提高，不少液晶都已具备 160°的可视角度，按这样的发展趋势，这一指标在不久的将来会失去其意义。

4）亮度、对比度

亮度是以每平方米烛光（cd/m^2）为测量单位。通常在液晶显示器规格中都会标示亮度，而亮度的标示就是背光光源所能产生的最大亮度。一般 LCD 显示器都有显示 200 cd/m^2 的亮度能力，更高的甚至达 300 cd/m^2 以上。亮度越高，适应的使用环境也就越广泛。目前提高亮度的方法有两种，一种是提高 LCD 面板的光通过率；另一种就是增加背景灯光的亮度，即增加灯管数量。这里需要注意的是，较亮的产品不见得就是较好的产品，亮度是否均匀才是关键，这在产品规格说明书中是找不到的。亮度均匀与否和光源及反光镜的数量与配置方式息息相关，离光源远的地方，其亮度必然较暗。

对比度是指屏幕的纯白色亮度与纯黑色亮度的比值，对比度越高，图像愈清晰。但是当对比度达到某一程度后，颜色的纯正就会出现问题。大多数 LCD 显示器的对比度一般都是 250∶1 左右，更好的 LCD 显示器达到了 300∶1 或者更高。

只有亮度与对比度搭配得恰到好处，才能够呈现美观的画质。一般来说，品质较佳的 LCD 显示器具有智能的调节功能，能够自动调节图像，使亮度和对比达到最佳。

5）坏点

所谓的坏点是液晶面板上不能正常显示像素点的统称。液晶面板是由众多显示点组成，在 1 024×768 分辨率下，液晶面板共有 786 432 个显示点，如此多的点很难完全保证液晶面板不会出现任何问题。

项目练习

简述 CRT 和 LCD 显示器的性能指标。

任务四　打印机的安装与使用

课堂任务

了解打印机的分类，掌握 3 类打印机各自的优缺点及打印机的安装与使用。

知识要点

（1）打印机的分类与各自的特点。

（2）打印机的使用。

课程内容

1. 打印机理论知识

打印机是计算机的输出设备之一，用于将计算机的处理结果打印在相关介质上。衡量打印机好坏的指标有 3 项：打印分辨率、打印速度和噪声。打印机有针式打印、喷墨打印机、激光打印机 3 种类型。

1）针式打印机

针式打印机是一种特殊的打印机，与喷墨和激光打印机存在很大的差异，这种差异是其他类型的打印机不能取代的，所以针式打印机一直有着自己独特的市场份额，服务于一些特殊的行业用户，如图 5-4-1 所示。

图 5-4-1

针式打印机是通过打印头中的 24 根针击打复写纸，从而形成字体。在使用中，用户可以根据需求来选择多联纸张，一般常用的多联纸有 2 联、3 联、4 联纸，其中也有使用 6 联的打印机纸。多联纸一次性打印完成只有针式打印机能实现。对于一些医院窗口、银行窗口、邮局窗口等行业用户来说，通过针式打印机能快速地完成各项单据的复写，为用户提供高效的服务，而且还能为这些窗口行业用户存底。所以，针式打印机成为他们必备的办公用品。另外还有一些快递公司，为了提高工作效率，使用针式打印机来取代以往的手写工作，大大提高了工作效率。

针式打印机的种类繁多，型式各异，一般分为打印机械装置和控制与驱动电路两大部分。针式打印机在正常工作时有 3 种运动方式，即打印头的横向运动、打印纸的纵向运动和打印针的击针运动。这些运动都是由软件控制驱动系统，通过一些精密机械进行的。

针式打印机性能指标如下：

（1）打印方式。表示针式打印机在打印过程中所采用的模式。如“双向逻辑选距”打印方式，在该打印方式下，打印机将根据每行打印内容的具体位置来控制打印头的启停位置，用来节省时间，提高打印速度和效率；又如“可选择单双向”打印方式，在该打印方式下，可由用户根据打印要求，选择每次打印时打印头的起始位置。单向打印是打印每一行时，打印头都要先回到初始位置，然后再打印，打印效率较低，但字符或图像上下衔接精度高；双向打印是打印头横向来回移动时进行打印，打印效率高。但由于机械部件精度的影响，可能会造成字符或图像上下衔接部分有一定的错位，影响打印质量。

（2）打印头。在选购时注意打印头的针数，目前绝大多数的打印机都采用 24 针的打印头。这种打印头具有打印速度快、打印质量好的特点，其性能参数主要是针的寿命，如 2 亿次/针。另外，在选择打印机时还要注意打印机的打印点密度，点密度定义为在水平方向上每英寸打印的点数，用 dpi 表示。打印质量较高的打印机其点密度可达到 360 dpi。

（3）字符集。字符集是打印机中字库种类的说明，通过字符集可以看出该打印机属于哪一种类型。中文打印机的字符集种类较为齐全，一般包括有 ASCII 码点阵字符集、汉字点阵字符集以及国际字符组点阵字符集等，上述字符集通常是按国家标准制定的。如 GB 5007 标准（宋体 24 × 24 点阵字符集）和 GB 2312－1980（宋体 32 × 32 点阵字符集）。

（4）打印速度。打印速度是点阵打印机重要的性能指标，它反映出打印机的综合性能指标，一般只给出打印一行西文字符或中文汉字时的打印速度。标准的说明应是在草稿方式下，按照每英寸打印 10 个西文字符（10CPI）的方式，每秒能打印字符的数目。现在打印速度较快的打印机其打印速度一般在 200 字/秒以上。

（5）行距。在说明书中一般都有行距指标，因为这项指标是说明输纸操作精度和性能的重要指标，尤其是最小输纸距离（如 1/360″或 n/368″）更能反映出其输纸组件的控制能力和精密程度。

（6）接口。大多数打印机均配置标准 Centronics 并行接口，其他标准的接口一般是作为附件而另需购置。

（7）最大缓冲容量。该指标间接表明了打印机在打印时，对计算机主机工作效率的影响。缓冲容量大，一次输入数据就多，打印机处理和打印所需的时间就长。因此，与计算机通信的次数就可以减少，主机效率得到提高。

（8）输纸方式。对于输纸方式来说，一台好的打印机应具备多种输纸功能，这反映出其机构设计是否合理及全面。一般情况下应有连续纸输送的链轮装置，以保证输纸的精度和避免输纸过程中的偏斜；另外是否具备单页纸和卡片纸的输送能力，以及是否具备平推进纸的能力，对票据打印十分重要。

（9）纸宽及纸厚度。纸宽指标反映出打印机最大打印宽度，目前通用打印机的该项指标一般为 9 in（窄行）和 13.6 in（宽行）；纸厚度则反映出打印头的击打能力，该项指标对于需要复写的用途很重要。

2）喷墨打印机

喷墨打印机（见图 5-4-2）按工作原理可分为固体喷墨和液体喷墨方式两种，而液体喷墨方式又可分为气泡式与液体压电式。气泡技术是通过加热喷嘴，使墨水产生气泡，喷到打印介质上的。

喷墨打印机在打印图像时，需要进行一系列的繁杂程序。当打印机喷头快速扫过打印纸时，它上面的无数喷嘴就会喷出无数的小墨滴，从而组成图像中的像素。打印机头上一般都有 48 个或 48 个以上的独立喷嘴喷出各种不同颜色的墨水。例如 Epson Stylus photo 1270 的 48 个喷嘴分别能喷出 5 种不同的颜色：蓝绿色、红紫色、黄色、浅蓝绿色和淡红紫色，另外还有喷出黑色墨水的 48 个喷嘴。一般来说，喷嘴越多，打印速度越快。不同颜色的墨滴落于同一点上，形成不同的复色。用显微镜可以观察到黄色和蓝紫色墨水同时喷射到的地方呈现绿色，所以可以这样认为：打印出的基础颜色是在喷墨覆盖层中形成的。通过观察简单的四颜色喷墨的工作方式，可以很容易理解打印机的工作原理：每一像素上都有 0 到 4 种墨滴覆盖于其上。不同的组合能产生 10 种以上的不同颜色。一些打印机还可通过颜色的组合，如“蓝绿色和黑色”或者“红紫色，黄色和黑色”的组合，产生 16 种不同的颜色。

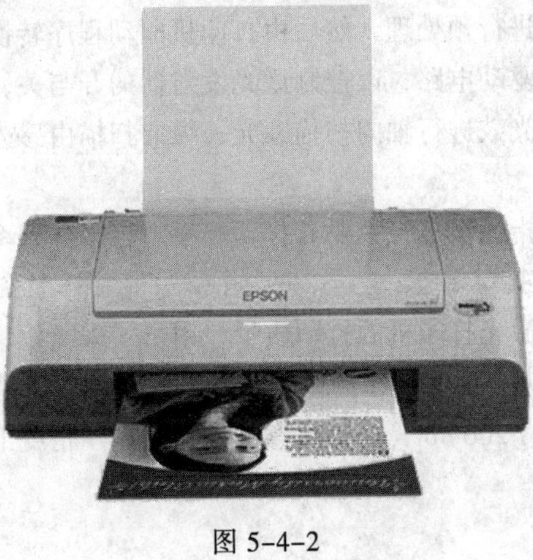

图 5-4-2

喷墨打印机的性能指标如下：

（1）分辨率。dpi 是业界衡量打印质量的一个重要标准，它表现了在每英寸的范围内喷墨打印机可打印的点数。单色打印时 dpi 值越高打印效果越好。而彩色打印时情况比较复杂，通常打印质量的好坏要受到 dpi 值和色彩调和能力的双重影响。由于一般彩色喷墨打印机的黑白打印分辨率与彩色打印分辨率可能会有所不同，所以选购时一定要注意看商家所说的分辨率是哪一种分辨率，是否是最高分辨率。一般至少应选择在 360 dpi 以上的喷墨打印机。

（2）色彩调和能力。对于使用彩色喷墨打印机的用户而言，打印机的色彩调和能力是个非常重要的指标。传统的喷墨打印机在打印彩色照片时，若遇到过渡色，就会在 3 种基本颜色的组合中选取一种接近的组合来打印，即使加上黑色，这种组合一般也不能超过 16 种，对色阶的表达能力是难以令人满意的。为了解决这个问题，早期的喷墨打印机又采用了调整喷点疏密程度的方法来表达色阶，但对于当时彩色分辨率只有 300 dpi 左右的产品，调整疏密程度的结果是过渡色效果很差，看上去会有很多斑点。现在的彩色喷墨打印机，一方面通过提高打印密度（分辨率）来使打印出来的点变细，从而使图变得更为细腻；另一方面，都在色彩调和方面改进技术，常见的有：增加色彩数量、改变喷出墨滴的大小、降低墨盒的基本色彩浓度等几种方法，其中增加色彩数量来得最为行之有效。目前通常是采用五色的彩色墨盒，加上原来的黑色墨盒，形成所谓的六色打印。这样一来排列组合得到的色彩组合数一下子提高了好多倍，效果改善自然非常明显。改变喷出墨滴大小的原理是在打印中需要色彩浓度较高的地方用标准大小的墨滴喷出，而在需要色彩浓度较低的地方喷射小墨滴，同样实现了更多的色阶。而降低墨盒色彩浓度其实是在高色彩浓度的地方采用反复喷墨的方法来形成更多色阶。

3）激光打印机

激光打印机（见图 5-4-3）是利用激光扫描成像技术、计算技术、电子照相技术的结合而形成的高质量的打印设备。激光打印机是由激光器、声光调制器、高频驱动、扫描器、同步器及光偏转器等组成，其作用是把接口电路送来的二进制点阵信息调制在激光束上，然后扫描到感光体上。感光体与照相机构组成电子照相转印系统，把射到感光鼓上的图文映像转印到打印纸上，其原理与复印机相同。激光打印机是激光扫描技术和电子显像技术相结合的非击打输出设备，其机型不同，打印功能也有区别，但工作原理基本相同，都要经过充电、曝光、显影、转印、消电、清洁、定影 7 道工序，其中有 5 道工序是围绕感光鼓进行的。把要打印的文本或图像输入到计算机中，通过计算机软件对其进行预处理，然后由打印机驱动程序转换成打印机可以识别的打印命令（打印机语言）送到高频驱动电路，以控制激光发射器的开与关，形成点阵激光束，再经扫描转镜对电子显像系统中的感光鼓进行轴向扫描曝光，纵向扫描由感光鼓的自身旋转实现，从而完成打印。

衡量激光打印机的技术指标很多，主要有打印幅面、打印分辨率、标称打印速度、打印机内存、硒鼓寿命、CPU 性能、接口等。

（1）打印分辨率。反映激光打印机的打印质量，用 dpi 来衡量，即每英寸上有几个点。与喷墨打印机一样，dpi 的值越大，说明打印的效果越好，打印的图像越细致，价格也越贵，现在的激光打印机一般为 600 dpi、1 200 dpi，需要注意的是，在同一精度下，激光打印机的打印效果要比喷墨打印机的打印效果好。

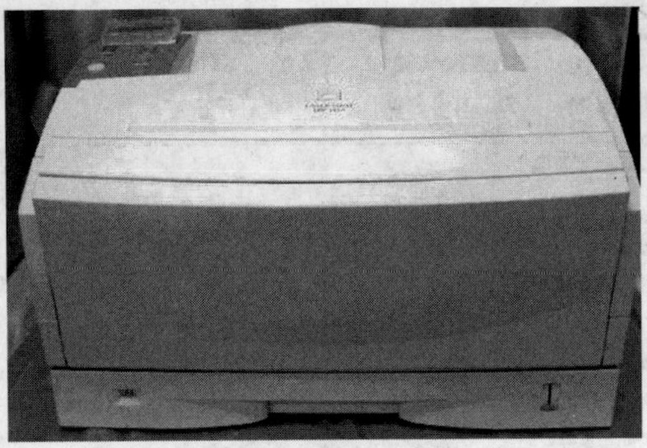

图 5-4-3

（2）打印速度。反映激光打印机的速度参数是 PPM，即每分钟打印的页数，PPM 值越大，打印机打印速度越快，价格也越贵。

（3）RET 功能。RET（Resolution Enhancement Technology）是分辨率增强技术的意思。有 RET 功能的打印机，可以使打印出来的图形几乎没有锯齿。如一台带有 RET 功能的激光打印机，使用 400×400 dpi 的分辨率，其打印效果可以与 600×600 dpi 激光打印机的打印效果相媲美。

（4）打印接口。所谓的打印接口，就是打印机与计算机相连的接口。打印机目前主要有两种接口：

① 并行接口，传输速率较低。

② USB 接口，在 USB 2.0 版本中，其传输速率可以达到百兆/秒。

（5）纸张大小。现在窄行激光打印机可以打印 A4、B5 型复印纸大小的文稿，而宽行激光打印机可以打印 A3、B4 型复印纸大小的文稿。如果需要打印较宽的图像、表格，就需要购买 A3 的激光打印机，反之，则可以购买 A4 激光打印机。A3 激光打印机的价格比 A4 激光打印机贵得多。

2．安装打印机

在安装打印机时，一般要安装硬件和驱动程序安装，但两个步骤的顺序是不确定的，如果是串口打印机一般先接打印机，然后再装驱动程序；如果是 USB 口的打印机，一般是先装驱动程序再接打印机。

1）打印机硬件安装

现在的计算机硬件接口已做得非常规范，把打印机的数据线一端接到打印机，另一端接到计算机上，再把打印机的电源线接入电源插口即可。

2）驱动程序安装

如果驱动程序安装盘是以可执行文件的方式提供的，则直接运行 Setup.exe 文件即可按照其安装向导提示逐步完成。

如果只提供了驱动程序文件，则安装相对麻烦，以 Windows XP 系统为例介绍打印机的安装。

（1）首先打开“控制面板”窗口，然后双击“打印机和传真”图标，如图 5-4-4 所示。

（2）在“打印机与传真”窗口中将显示所有已安装的打印机（包括网络打印机），单击左边窗格的“添加打印机”选项，如图 5-4-5 所示。

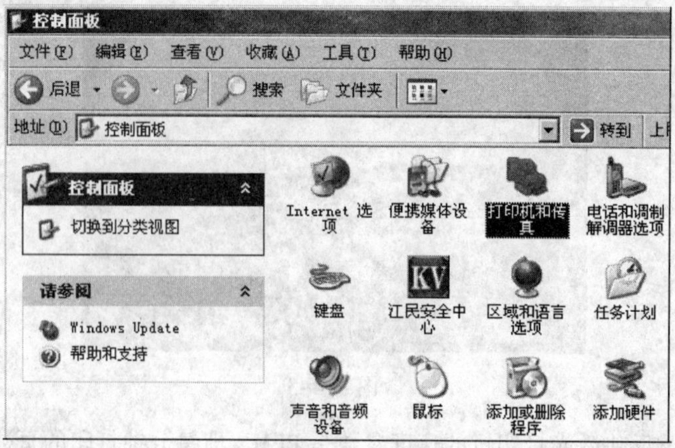

图 5-4-4

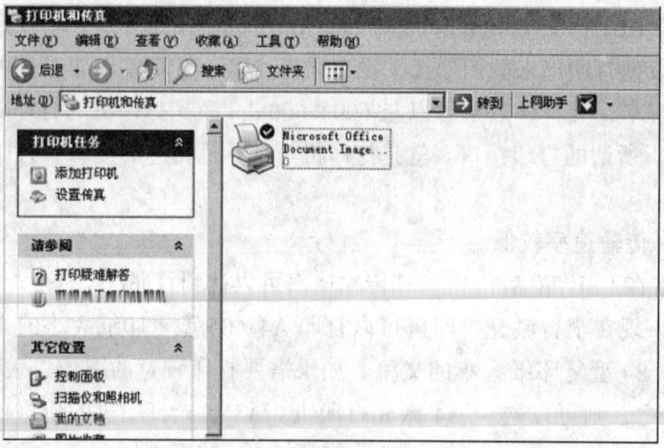

图 5-4-5

（3）弹出“添加打印机向导”窗口，单击“下一步”按钮，如图 5-4-6 所示。

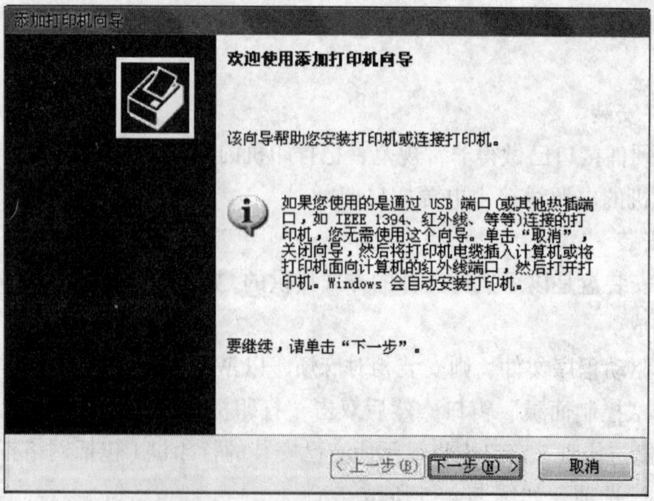

图 5-4-6

（4）弹出询问是安装本地打印机还是网络打印机的窗口，默认是安装本地打印机，这里选择“连接到此计算机的本地打印机”单选按钮，单击“下一步”按钮，如图 5-4-7 所示。

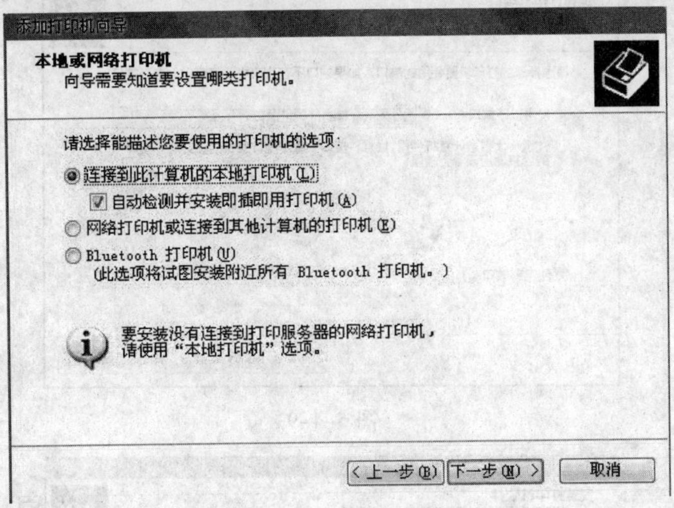

图 5-4-7

（5）如果系统里有该打印机的驱动程序，系统将自动安装。如果没有自动安装程序则会出现提示，单击“下一步”按钮继续，弹出“新打印检测”窗口，如图 5-4-8 所示。

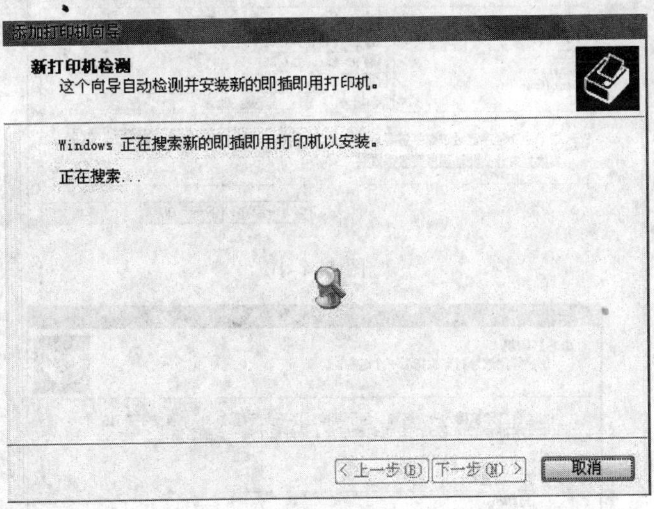

图 5-4-8

（6）单击“下一步”按钮，弹出“选择打印机端口”窗口，根据打印机所带的端口进行选择，一般打印机都使用 LPT 接口或 USB 接口，这里选择 LPT 接口，单击“下一步”按钮，如图 5-4-9 所示。

（7）如果能在左右列表中找到对应厂家和型号，则直接选中后单击“下一步”按钮；如果没有则需要提供驱动程序位置，从磁盘安装，如软驱、光盘等，这里选择厂商为 HP，打印机型号为 HP LaserJet 6L，单击“下一步”按钮开始安装，如图 5-4-10 所示。

（8）打印机安装时会弹出图 5-4-11 所示的窗口，提示给打印机命名，并询问是否作为默认打印机（即发出打印命令后，进行响应的那一台），然后单击“下一步”按钮。

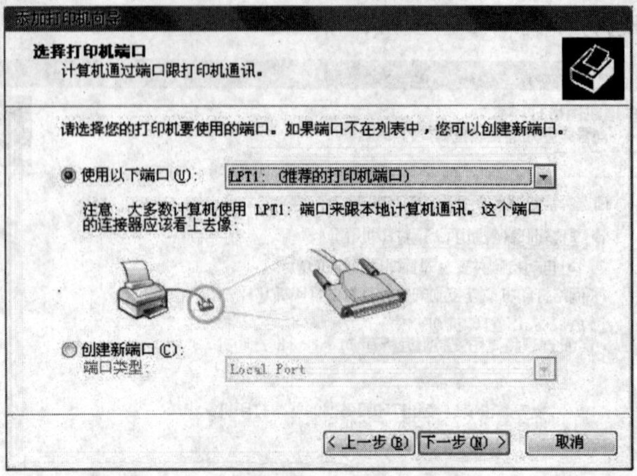

图 5-4-9

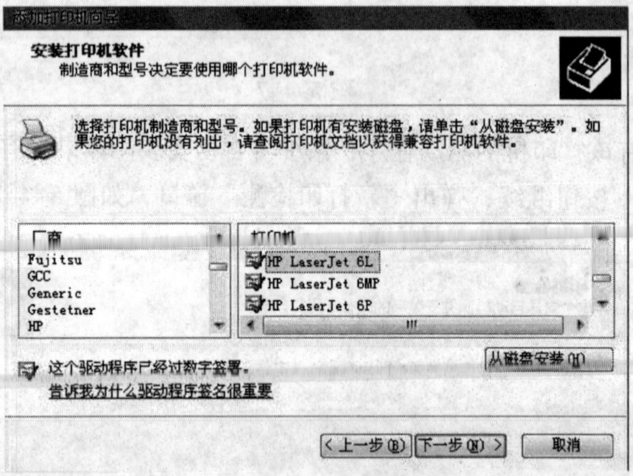

图 5-4-10

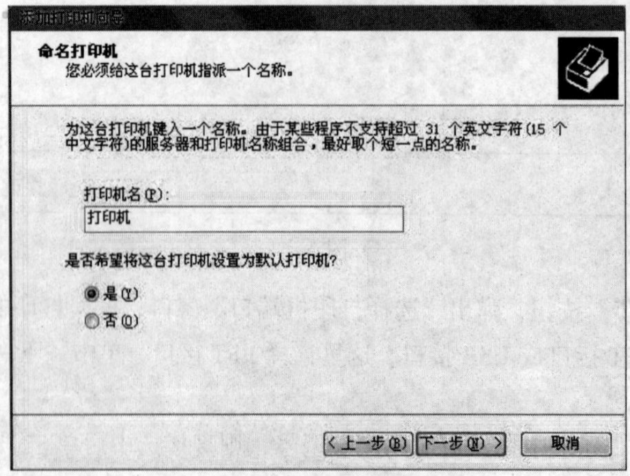

图 5-4-11

（9）弹出图 5-4-12 所示的窗口，询问是否打印测试页，一般新安装的打印机都要测试，选择“是”单选按钮，然后单击“下一步”按钮。

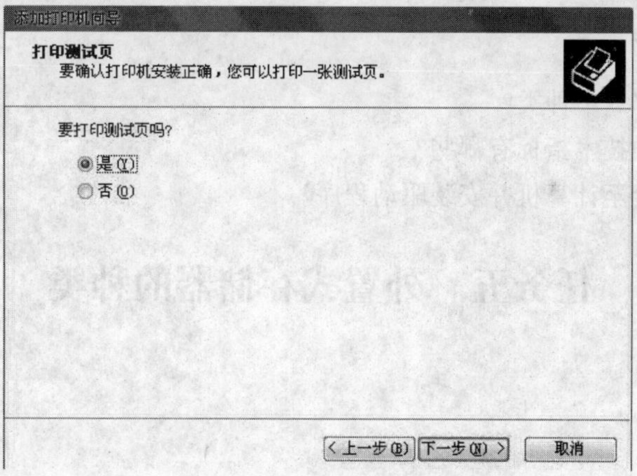

图 5-4-12

（10）弹出完成页面，如果测试页打印正确，单击“完成”按钮，打印机安装完成，如图 5-4-13 所示。

（11）打开“打印机和传真”窗口，可以看到已安装的打印机，如图 5-4-14 所示

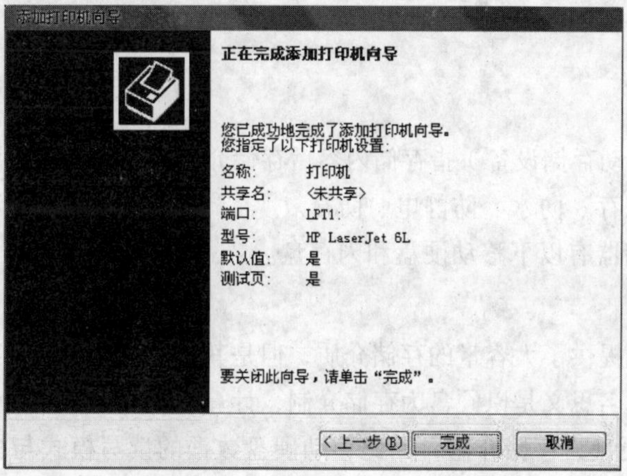

图 5-4-13

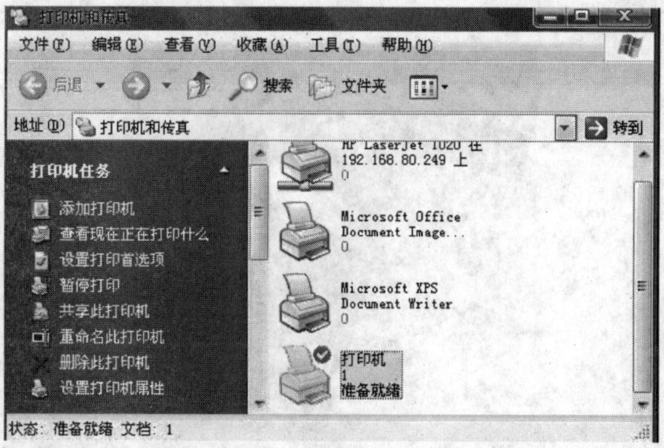

图 5-4-14

项目练习

（1）打印机分为哪 3 个种类?

（2）激光打印机的技术指标有哪些?

（3）将打印机连接至计算机并安装驱动程序。

任务五　外置式存储器的种类

课堂任务

了解常用外置式存储器的种类和各自的特点。

知识要点

外置式存储器的种类。

课程内容

外置式存储器（移动存储设备）指存储内容后存储介质容易移动且拆装方便。移动存储设备的最大优势在于容易保存、防水、防静电、防霉。

常见的外置式存储器有以下移动硬盘和闪存盘。

1．移动硬盘

固定硬盘为计算机提供了大容量的存储介质，但是其盘片无法更换，存储的信息也不便于携带和交换。移动硬盘顾名思义是以硬盘为存储介制，计算机之间交换大容量数据，强调便携性的存储产品。因为采用硬盘为存储介制，因此移动硬盘数据的读写模式与标准硬盘是相同的。移动硬盘多采用 USB、IEEE1394 等传输速度较快的接口，能以较高的速度与系统进行数据传输。图 5-5-1 所示为移动硬盘。

图 5-5-1

移动硬盘具有以下特点：

1）容量大

移动硬盘可以提供相当大的存储容量，是一种较具性价比的移动存储产品。在大容量“闪盘”价格还无法被用户所接受的情况下，移动硬盘能在用户可以接受的价格范围内，提供给用户较大的存储容量和方便性。市场中的移动硬盘容易有 80 GB、120 GB、160 GB、320 GB、640 GB 等，最高可达 5 TB 的容量。随着技术的发展，移动硬盘的容量将越来越大。

2）体积小

移动硬盘的尺寸分为 1.8 英寸、2.5 英寸和 3.5 英寸 3 种。2.5 英寸移动硬盘盒体积小重量轻，便于携带，一般没有外置电源。

3）传输速度高

移动硬盘大多采用 USB、IEEE1394、eSATA 接口，能提供较高的数据传输速度。不过移动硬盘的数据传输速度在一定程度上仍受到接口速度的限制，尤其在 USB 1.1 接口规范的产品上，在传输较大数据量时，将考验用户的耐心。而 USB 2.0、IEEE1394、eSATA 接口就相对好很多。USB 2.0 接口传输速率是 60 Mbit/s，IEEE1394 接口传输速率是 50～100 Mbit/s，而 eSATA 达到 1.5Gbit/s 到 3 Gbit/s 之间，移动硬盘在与主机交换数据时，读 GB 数量级的大型文件只需几分钟，特别适合视频与音频数据的存储和交换。

4）使用方便

主流的 PC 基本都配备了 USB 功能，主板通常可以提供 2～8 个 USB 口，一些显示器也提供了 USB 转接器，USB 接口已成为个人计算机中的必备接口。USB 设备在大多数版本的 Windows 操作系统中，都可以不安装驱动程序，具有真正的“即插即用”特性，使用起来灵活方便。

5）可靠性提升

移动硬盘以高速、大容量、轻巧便捷等优点赢得许多用户的青睐，而更大的优点还在于其存储数据的安全可靠性。这类硬盘与笔记本式计算机硬盘的结构类似，多采用硅氧盘片，是一种比铝、磁更为坚固耐用的盘片材质，并且具有更大的存储量和更好的可靠性，提高了数据的完整性。采用以硅氧为材料的磁盘驱动器，以更加平滑的盘面为特征，有效地降低了盘片可能影响数据可靠性和完整性的不规则盘面的数量，更高的盘面硬度使 USB 硬盘具有很高的可靠性。另外还具有防震功能，在剧烈震动时盘片自动停转并将磁头复位到安全区，防止盘片损坏。

2. 闪存盘

闪存盘也称闪存盘。闪存盘使用 USB 接口进行连接，USB 接口连到计算机的主机后，闪存盘的资料就可放到计算机上了。计算机上的数据也可以放到闪存盘中，很方便。闪存盘最大的特点是小巧便于携带、存储容量大、价格便宜，是移动存储设备之一。一般的闪存盘容量有 1 GB、2 GB、4 GB、8 GB、16 GB 等，图 5-5-2 所示为闪存盘。

闪存盘具有以下特点：

（1）小巧便于携带。

闪存盘体积很小，仅大拇指般大小，重量极轻，一般在 15 g 左右，特别适合随身携带，可以把它挂在胸前、吊在钥匙串上、甚至放进钱包里。

（2）存储容量大。

一般的 U 盘容量有 1 GB、2 GB、4 GB、8 GB、16 GB、32 GB、64 GB 等。

图 5-5-2

（3）价格便宜。

（4）性能可靠。

闪存盘中无任何机械式装置，抗震性能极强，还具有防潮防磁、耐高低温等特性，安全可靠性好。

项目练习

简述什么是移动硬盘以及移动硬盘的特点。

项目实训　外设的安装与使用

（1）将键盘与鼠标连接到计算机。

（2）将打印机连接至计算机并安装驱动程序，将其设置为非默认打印机。

（3）将显示器连接至计算机。

项目六

家庭、办公网络

计算机网络已成为家庭和办公必不可少的工具，但如何连接网络，就必须掌握必要的硬件环境和软件工具。

主要内容：

- 网络设备的认识
- 计算机网络的组建
- 利用 ADSL Modem 上网

任务一　网络设备的认识

课堂任务

熟悉网络设备。

知识要点

认识常用的网络设备。

课程内容

1. 网卡

网卡（Network Interface Card，NIC），也称网络适配器或网络接口卡（见图 6-1-1），是局域网中最基本的部件之一。用于实现联网计算机和网络电缆之间的物理连接，为计算机之间相互通信提供一条物理通道，并通过这条通道进行高速数据传输。无论是普通计算机还是高端服务器，只要连接到局域网，就需要安装一块网卡。如果有必要，一台计算机也可以同时安装两块或多块网卡。

现在比较流行的网络有以太网、令牌环网、FDDI 网等，选择网卡时应根据网络的类型来选择相对应的网卡。最常用的网卡是以太网网卡。

以以太网为例，网卡可选择的速率就有 10 Mbit/s，10/100 Mbit/s，1000 Mbit/s，甚至 10 Gbit/s 等多种。网卡的传输速度应根据计算机带宽需求并结合物理传输介质所能提供的最大传输速率来选择，不是速率越高越好。

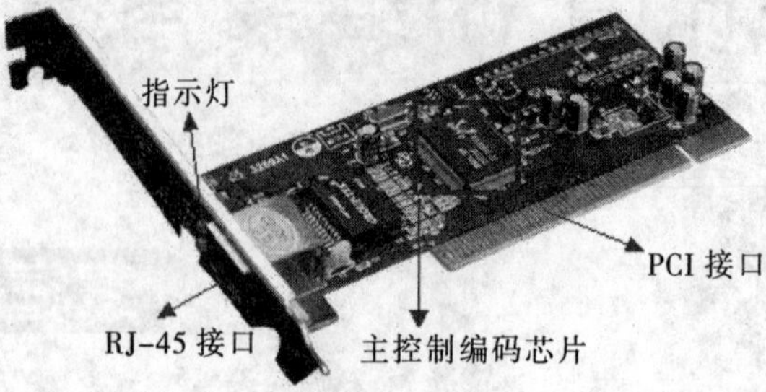

图 6-1-1

网卡中常见的总线接口类型有 ISA、EISA、VESA、PCI 和 PCMCIA 等。服务器上通常使用 PCI 或 EISA 总线接口类型的智能型网卡，工作站可用 PCI 或 ISA 总线接口类型的普通网卡，笔记本式计算机则用 PCMCIA 总线接口类型的网卡或并行接口的便携式网卡。

网卡按其连线的接口来分又可分 RJ-45 接口、细同轴电缆的 BNC 接口和粗同轴电缆的 AUI 接口、FDDI 接口、ATM 接口等。而且有的网卡为了适用更广泛的应用环境，提供了两种或多种类型的接口，如有的网卡会同时提供 RJ-45、BNC 接口或 AUI 接口。

2．集线器

集线器的英文名称为 Hub。集线器的主要功能是对接收到的信号进行再生整形放大，以扩大网络的传输距离，同时把所有结点集中在以它为中心的结点上。集线器实际就是一种多端口的中继器，是最简单的网络设备，如图 6-1-2 所示。

图 6-1-2

集线器是共享带宽的。按带宽可分为 10Mbit/s、100Mbit/s 和 10/100Mbit/s 3 种。

对于集线器的选择，如果传输的内容不涉及语音、图像，传输量相对较小时，选择 10Mbit/s 即可。如果传输量较大，且有可能涉及多媒体应用时，应当选择 100Mbit/s 或 10/100Mbit/s 自适应集线器。

3．调制解调器

1）Modem

调制解调器（见图 6-1-3）是一种接入设备，是为数据通信的数字信号在具有有限带宽的模拟信道上进行远距离传输而设计的，它一般由基带处理、调制解调、信号放大和滤波、均衡等几部分组成。所谓调制就是把数字信号转换成电话线上传输的模拟信号，解调即把模拟信号转换成数字信号，合称调制解调。

图 6-1-3

Modem 按照形态和安装方式可大致分为 4 种：外置式、内置式、PCMCIA 卡式和机架式。

2）ADSL Modem

ADSL（Asymmetric Digital Subscriber Line）是非对称数字用户环路的缩写，是在普通电话线上传输高速数字信号的技术。它在电话线上产生 3 个信息通道：一个速率为 1.5Mbit/s～9Mbit/s 的高速下行通道，用于用户下载信息；一个速率为 16Kbit/s～1Mbit/s 的中速双工通道；一个普通的老式电话服务通道，这 3 个通道可以同时工作。

所谓 ADSL Modem 就是专门用于 ADSL 技术应用的 Modem，负责对 ADSL 信号进行调制解调、发送和接收 ADSL 信号，是实现 ADSL 不可缺少的一部分。比起普通拨号 Modem 的最高 56 Kbit/s 速率，ADSL 的速率优势是不言而喻的，ADSL 更为吸引人的地方是：它在同一铜线上分别传送数据和语音信号，数据信号并不通过电话交换机设备，减轻了电话交换机的负载。

ADSL Modem 分为 PCI 接口内置式、USB 接口外置式、以太网接口外置式 3 种。

PCI 接口 Modem（见图 6-1-4）使用时插到计算机主板的 PCI 插槽中，通过金手指与插槽接触进行数据通信和供电。PCI 接口 Modem 价格便宜，满足了一部分对速度、性能要求不是很强烈、经济较为紧张的用户的选择。但是缺点也比较明显，即性能比较差，运行速度较慢，且容易掉线，由于它主要的数据处理工作是要通过主板的 CPU 或 MPU 来实现，所以大大加重了 CPU 或 MPU 的工作负荷。

USB 接口 Modem（见图 6-1-5）属于一种外置型的 Modem，在速度和性能方面比 PCI 接口的 Modem 要高许多。优点是 USB 接口本身可以热插拔，安装使用简单，接口速度快；缺点是 USB 接口不方便扩展，在多机联网上比较困难，并且长期占用一个 USB 接口。

PCI 接口 Modem

图 6-1-4

USB 接口 Modem

图 6-1-5

以太网接口 Modem（见图 6-1-6）的 ADSL Modem 更适用于家庭的局域网，它可以带多台机器进行上网，属于一种外置型的 Modem。接口的 ADSL 拥有一个 10/100 Mbit/s 以太网端口，可用来连接网卡或交换机，让整个局域网用户共享 Internet。这种 Modem 的性能是最好的一种，功能也最齐全，有的还带有桥接和路由功能，这对用户来说就可以省掉一个路由器。缺点是价格比家庭用的 PCI、USB 接口的 Modem 要贵许多。

以太网接口 Modem

图 6-1-6

虽然 ADSL Modem 分为 3 种接口，但是在使用上还是以以太网接口的 ADSL Modem 最为普遍，主板集成网卡给用户带来了很大的便利，也促进了以太网接口的 ADSL Modem 的发展。

项目练习

熟悉网络设备并能识别实物。

任务二　计算机网络的组建

课堂任务

掌握 3 台以下计算机的互连，掌握多台计算机的互连。

知识要点

（1）多台计算机的互连设置方法。

（2）3 台以下计算机的互连设置方法。

操作步骤

1. 多台计算机的互连设置方法

对于本地多台计算机的互连，一般都利用 Hub 互连，Hub 主要用于星形网络中，能把一个端口接收的所有信号向所有端口分发。

利用普通 Hub 互连而成的网络一般采用的都是星形网络结构，所需的主要网络设备有带 RJ-45 头（即水晶头）的双绞线、Hub 和带 RJ-45 口的网卡，如图 6-2-1 所示。连接分为硬件和软件两个部分。

图 6-2-1

1）硬件连接

在安装多台计算机互连的网络时，只需先将 Hub 接上电源，并在网络中的每台计算机中安装好网卡，将制作好的网线（含双绞线和 RJ-45 头）逐一连接在 RJ-45 口网卡和 Hub 的普通口（不能是 UPLINK 口）之间即可。

2）软件设置

选择网络中一台合适的计算机（建议使用网络中配置最好的那台）作为网络服务器。在 Windows XP 系统中，右击“网上邻居”图标，在弹出的快捷菜单中选择“属性”命令，打开“网络连接”窗口。右击“本地连接”图标，在弹出的快捷菜单中选择“属性”命令，弹出“本地连接属性”对话框，双击列表框中的下拉“Internet 协议（TCP/IP）”选项，在弹出的对话框中将其 IP 地址设置为 192.168.0.1（也可为其他值），子网掩码设为 255.255.255.0、DNS 和网关地址一般可保持为空（见图 6-2-2）。网络环境中的其他计算机均为工作站，IP 地址设置为 192.168.0.X（X 应为 2～254 之间的任意整数，且网络中的每一台计算机的 X 值均不同），子网掩码设为 255.255.255.0，DNS 和网关地址均设为 192.168.0.1（即服务器的 IP 地址）。

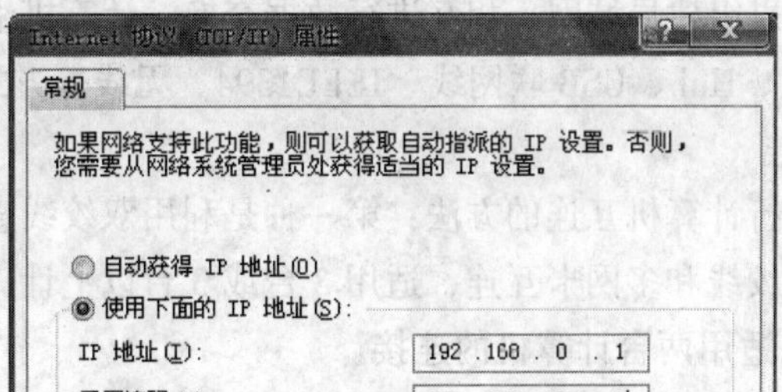

图 6-2-2

工作组是局域网工作的一种方式，在同一个工作组中的计算机可以很方便地传输文件和进行共享服务。在 Windows XP 系统中，右击“我的电脑”图标，在弹出的快捷菜单中选择“属性”

命令，弹出“系统属性”对话框，选择“计算机名”选项卡，单击“更改”按钮，在弹出的对话框中输入相应的“计算机名”和“工作组”即可，如图 6-2-3 所示。

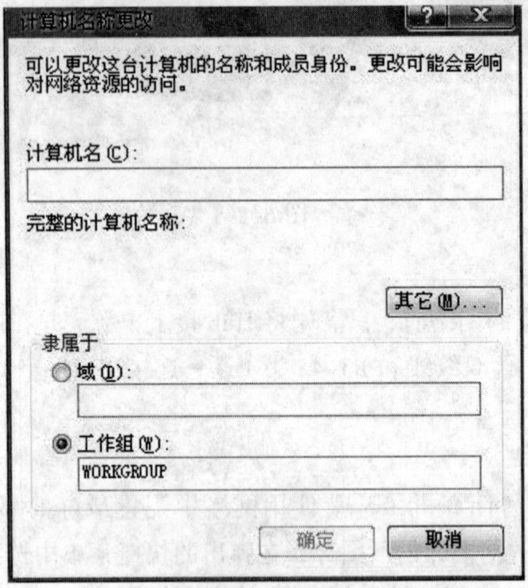

图 6-2-3

在一个网络中，各计算机名必须是唯一的，不能重复，工作组名相同的计算机位于同一组中。当连接好硬件并设置好软件后，一个全功能的局域网就组建成功了，利用该局域网可以实现局域网内的软硬件资源的共享（如共享上网、共享打印机等）。

2. 3 台以下计算机的互连

3 台以下的计算机可以组建局域网，相互进行数据交换。计算机组建局域网的方法非常多，通常有双绞线、同轴电缆、Hub、USB 联网线、IEEE1394、无线等方式。

1）通过网卡直接互连

介绍 3 种通过网卡进行计算机互连的方法：第一种是利用双绞线直接互连，适用两台计算机的连接。第二种是利用双绞线和多网卡互连，适用 3 台或 3 台以上计算机之间的互连。第三种是利用同轴细缆直接互连，适用两台计算机的连接。

这里所说的网卡是均为带 BNC 头的网卡，如图 6-2-4 所示。

（1）双机直接互连。两台计算机通过普通网卡直接互连，双绞线必须使用反线（或叫“交叉线”）。也就是说，双绞线的任意一端铜线排布采用白橙、橙、白绿、蓝、白蓝、绿、白棕、棕；双绞线的另一端铜线排布采用白绿、绿、白橙、蓝、白蓝、橙、白棕、棕。

制作好交叉线后，再将此线的两端分别插入两台计算机的网卡中，之后的使用和设置方法和通过 Hub 连接的网络完全一样，不再赘述。

（2）多机互连。这里所说的“多机”是指 3 台计算机或者 3 台计算机以上，使用的也是交叉线，但是需要一台计算机装有多张网卡作为一个“网桥”，其他计算机再通过交叉线直接联接到这台“网桥”计算机上。

例如要实现 A、B、C 3 机的互连，则可在 A 机（安装 Windows XP 系统）上同时安装两块网卡，再用两根交叉线将 B 机和 C 机分别连接到 A 机的两块网卡上即可。同样，如果在 A 机上装 3

块网卡，即可实现 4 机的互连。

图 6-2-4

此方法的互连需要对软件进行简单的设置。右击 A 机中的“网上邻居”图标，在弹出的快捷菜单中选择“属性”命令，打开“网络连接”窗口。选中两个（或 3 个）“本地连接”图标并右击，在弹出的快捷菜单中选择“桥接”命令，系统会自动创建一个网络桥，在“网桥”的属性中配置 TCP/IP 协议、IP 地址和子网掩码即可。

（3）利用同轴细缆互连。细缆属于同轴电缆中的一种，其缆径较小，造价低，安装方便和抗干扰能力强，但可靠性差（一个地方不通会造成整个网络的瘫痪）。每段最长 185 m，最长网络范围可达 925 m，两个 T 形头间最小 0.5 m，每条干线最大结点数为 30 个。

细缆在使用时两端需要各接一个阻抗电阻（一般为 50 Ω），一般不需要 Hub，所连接的网络是典型的总线型网络。细缆需要连接到网卡的 T 形头连接器（即 BNC 头）上，最大传输速率为 10 Mbit/s。单段最长长度为 185 m，最多可连接 30 个工作站，最小工作站间距为 0.5 m，只适用于较少计算机网络的连接。

2）通过 USB 连机线互连

利用 USB 接口连接两台计算机需要 USB 连机线（多台计算机间利用 USB 接口的连接需要有 USB Hub），均支持即插即用，传输速率最高可达每秒 8Mbit/s，一般也能稳定在每秒 4Mbit/s 以上，如图 6-2-5 所示。

图 6-2-5

USB 连机线需要利用专门的软件来实现文件传输功能；USB 连机线集成了专门的控制芯片，安装成功后会在系统中虚拟一块网卡，可以轻松实现软硬件资源的共享（包括共享上网）。

以 USB 连机线为例，将 USB 连机线插入到计算机的 USB 接口中，系统就会自动找到此硬件，为它安装好相应的驱动程序即可。安装好之后，再利用驱动程序中附带的应用软件（如 GeneLink、PC-Linq 等）来实现驱动器中相关文件的共享。

3）利用直接电缆连接

直接电缆连接是各种版本 Windows 中自带的一种服务，它允许用户在两台连接好的计算机之间交换数据。在使用直接电缆连接服务之前，必须确保已拥有相应的连接，这些连接方式主要有串口互连、并口互连以及红外线互连。串口互连（COM 口）和并口互连（LPT 口）必须有相应的连接电缆。

连接时使用现成的串口连接电缆（必须两边都是连接串口的）或者并口连接电缆（必须两边都是连接并口的），具体选择哪一种电缆，可根据实际情况而定。采用并口连接方式速度较快，但两机间距离不能超过 5 m；采用串口连接方式速度较慢，但两机间距离可达 10 m。

假设已有一条并口连接电缆，将其两端分别插入到两台计算机的并口中，经过适当的设置，就可利用直接电缆连接进行数据传输。但不同的系统其设置方法也不太一样，下面以 Windows XP 系统为例介绍直接电缆的连接。

（1）右击“网上邻居”图标，在弹出的快捷菜单中选择“属性”命令，打开“网络连接”窗口。单击“网络任务”窗格中的“创建一个新的连接”超链接打开“新建连接向导”对话框，单击“下一步”按钮后选择“设置高级连接”单选按钮，单击“下一步”按钮，选择“直接连接到其他计算机”单选按钮，如图 6-2-6 所示。

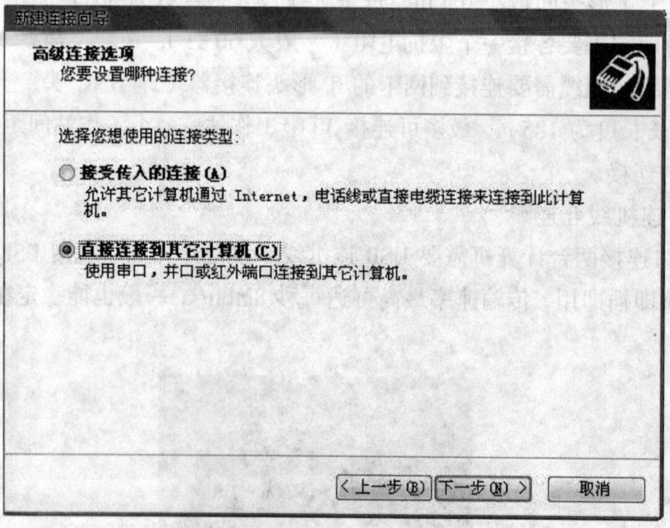

图 6-2-6

（2）单击“下一步”按钮，选择“主机”单选按钮；单击“下一步”按钮，在“此连接设备”下拉列表框中选择“直接并行（LPT1）”选项；单击“下一步”按钮，在“允许连接的用户”列表框中选择允许通过直接电缆连接程序连接到本计算机的单个或多个用户（如同时选中 Administrator 用户和 Guest 用户），如图 6-2-7 所示。

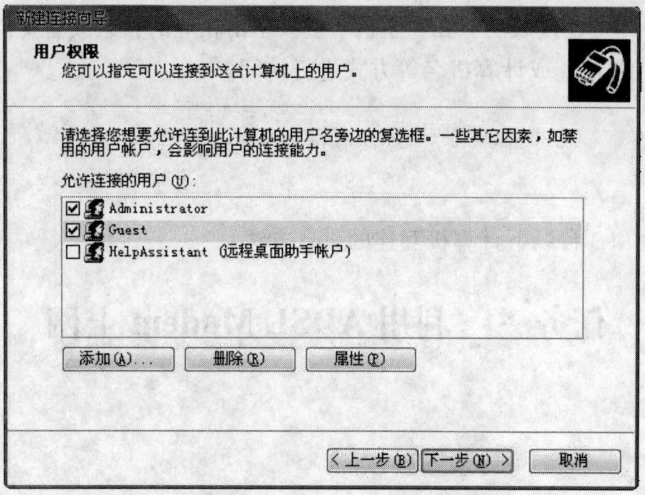

图 6-2-7

（3）单击“完成”按钮，此时在“网络连接”窗口中会自动建立相应的图标，假设为其命名为“传入的连接”，如图 6-2-8 所示。

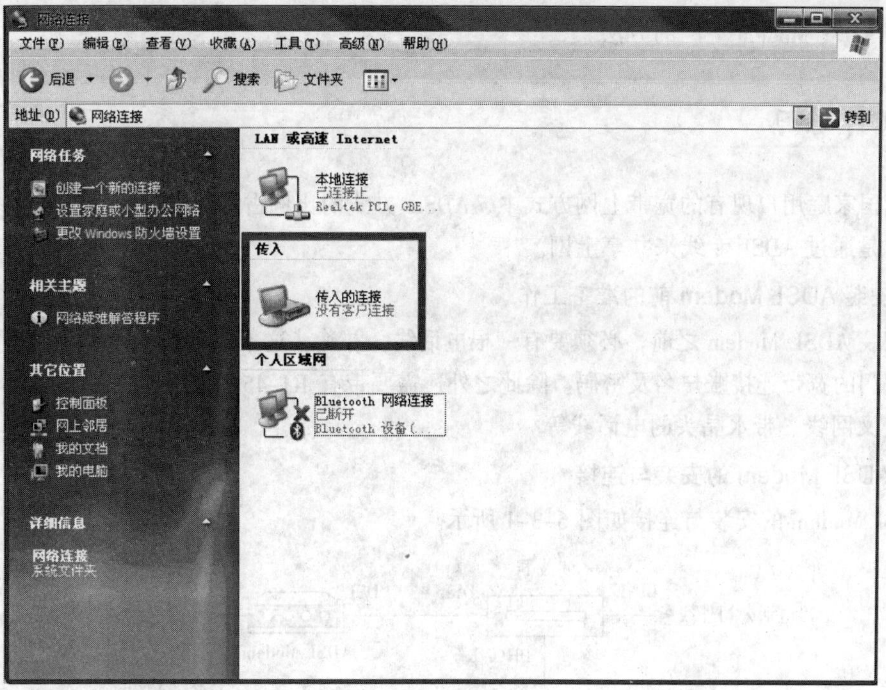

图 6-2-8

对于另外一台计算机，打开“新建连接向导”窗口，在“高级连接选项”一步中选择“直接连接到其他计算机”单选按钮；在“主机或来宾”一步选择“来宾”单选按钮；在“连接名”一步输入创建的连接名称；在“连接设备”一步选择“直接并行（LPT1）”选项（此端口值必须和另外一台计算机的保持一致）。最后单击“完成”按钮，此时会自动出现连接窗口，按提示输入允许连接的用户名和相应密码，再单击“连接”按钮。

如果操作无误，即可连接成功。在“主机”上共享出相应的目录或者文件，在“客户机”上即可通过网上邻居、IP 地址或计算机名等方式进行访问。

项目练习

熟悉并掌握多台和 3 台以下计算机互连的设置方法。

任务三　利用 ADSL Modem 上网

课堂任务

熟练掌握利用 ADSL Modem 上网。

知识要点

利用 ADSL Modem 上网的方法。

项目练习

在我国家庭用户现有的宽带上网方式中，ADSL 方式的比例占了绝大部分，甚至许多的小型办公室也是通过 ADSL 专线来共享上网。

1．安装 ADSL Modem 前的准备工作

在安装 ADSL Modem 之前，必须要有一根电话线，并确认这条电话线开通了 ADSL 服务且拥有电信部门的宽带连接账户名及密码。除此之外还需要带有 RJ-45 口的网卡、ADSL Modem、分离器、交叉网线、带水晶头的电话线等。

2．ADSL Modem 的安装与连接

ADSL Modem 的安装与连接如图 6-3-1 所示。

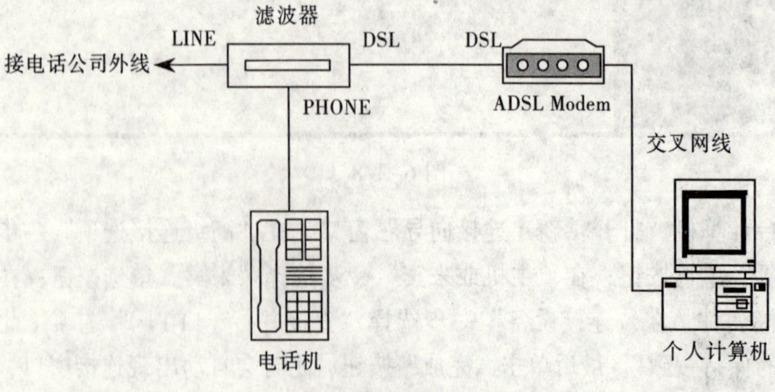

图 6-3-1

（1）准备计算机。首先打开主机机箱，加入一块网卡，10Mbit/s 或 10/100Mbit/s 自适应网卡均可。如果计算机中已有网卡，那还需要再加一块专门用来连接 ADSL Modem 的网卡。因为 ADSL 调制解调器的传输速度达 1～8Mbit/s，计算机的串口不能达到这么高的速度（最近兴起的 USB 接口可以达到这个速度，所以也有 USB 接口的 ADSL Modem）。加入这块网卡就是为了在计算机和调制解调器之间建立一条高速传输数据通道。

（2）安装 ADSL Modem 滤波器（又叫信号分离器，Splite）。滤波器由低通滤波器和高通滤波器组成，通过它能分离普通电话信号与 ADSL 需要的高频信号。滤波器类似于常见的“一拖二”电话分线盒，它共有 3 个电话线端口，安装时输入端（Line）与来自电信局端的电话线相连，而输出端有两个接口，其中 Modem 口用来接 ADSL Modem，另一个 Phone 口用来连接普通的电话机，此时电话机已能接听和拨打电话。需要注意的是，滤波器必须安装在电话机的前面，也就是说如果需要连接多台电话机，所有的电话机都必须连在滤波器的后面，否则会影响 ADSL 的使用。

（3）安装 ADSL Modem，这是最关键的过程，也是最简单的过程，既不需要拧螺钉也不需要拆机器，只须用前面准备的另一根电话线将来自于信号分离器的 ADSL 高频信号接入 ADSL Modem 的 ADSL 插孔，再用一根五类双绞线，一头连接 ADSL Modem 的 10BaseT 插孔，另一头连接计算机网卡中的网线插孔，然后打开计算机和 ADSL Modem 的电源，如果两边连接网线的插孔所对应的 LED 都亮了，表示硬件连接成功。

3. 为 ADSL Modem 创建宽带连接

（1）右击“网上邻居”图标，在弹出的快捷菜单中选择“属性”命令，打开“网络连接”窗口，单击“网络任务”窗格中的“创建一个新的连接”超链接，如图 6-3-2 所示。

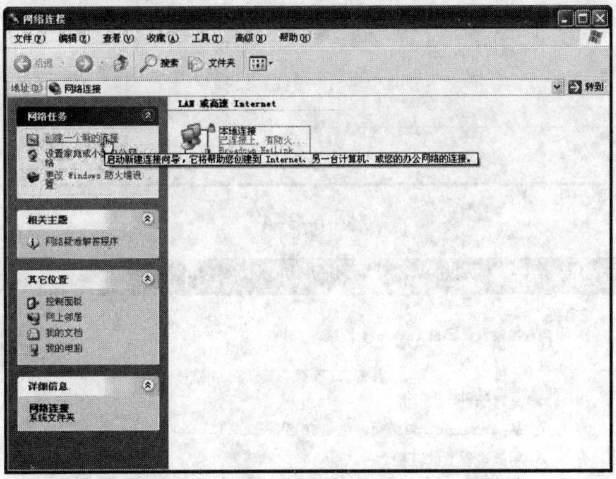

图 6-3-2

（2）弹出“欢迎使用新建连接向导”窗口，单击“下一步”按钮，如图 6-3-3 所示。

（3）直接单击“下一步”按钮，弹出图 6-3-4 所示的窗口，选择“连接 Internet”单选按钮。

（4）单击“下一步”按钮，选择“手动设置我的连接”单选按钮，如图 6-3-5 所示。

（5）单击“下一步”按钮，选择“用要求用户名和密码的宽带连接来连接”单选按钮，如图 6-3-6 所示。

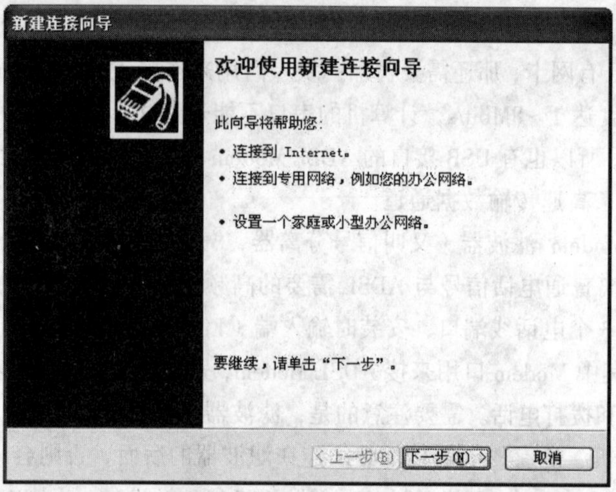

图 6-3-3

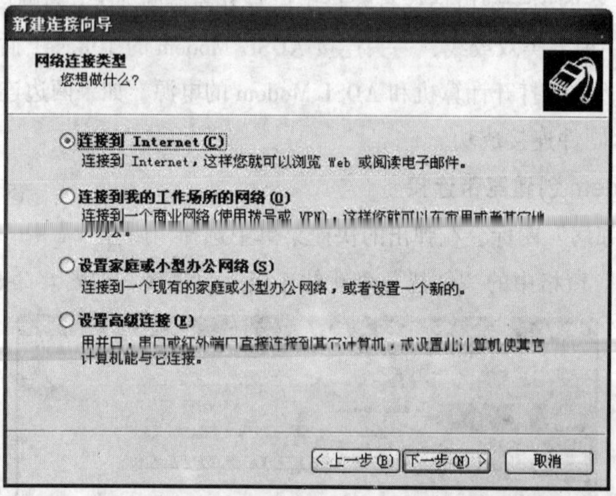

图 6-3-4

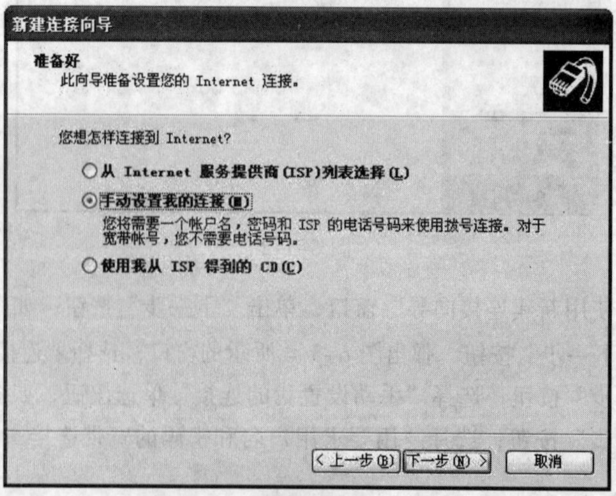

图 6-3-5

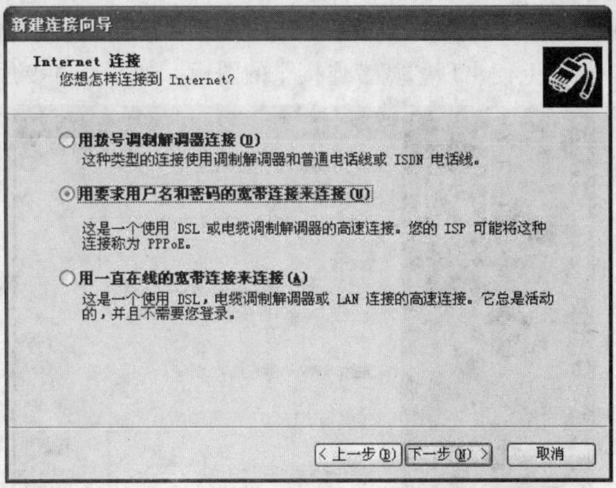

图 6-3-6

（6）单击“下一步”按钮，输入宽带连接的名字，建议输入“宽带连接”，如图 6-3-7 所示。

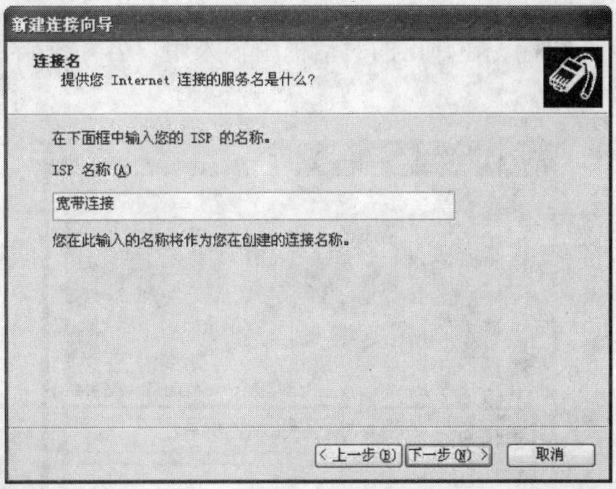

图 6-3-7

（7）单击“下一步”按钮，输入电信部门提供的“用户名和密码”，如图 6-3-8 所示。

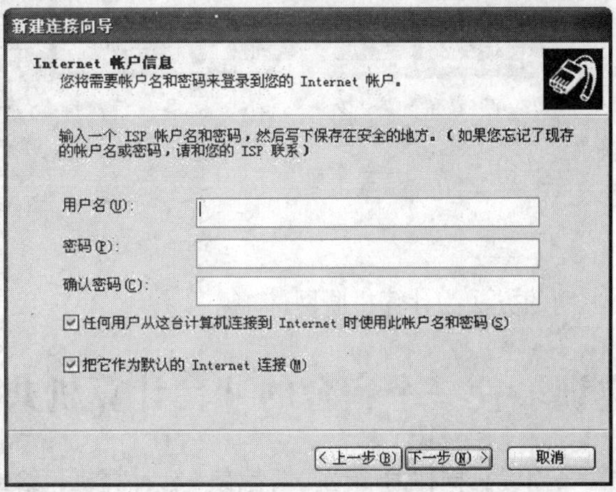

图 6-3-8

（8）单击“下一步”按钮，勾选“在我的桌面上添加一个到此连接的快捷方式”复选框，然后单击“完成”按钮，桌面上便出现“宽带连接”的图标，如图 6-3-9 所示。

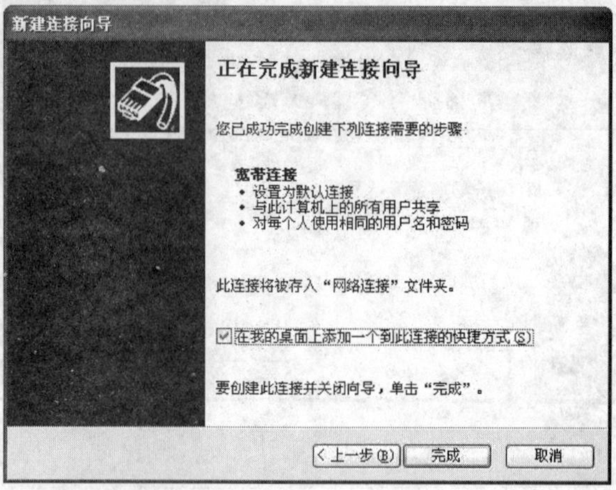

图 6-3-9

（9）双击“宽带连接”图标，在弹出的对话框中输入用户名和密码，单击“连接”按钮即可，如图 6-3-10 所示。

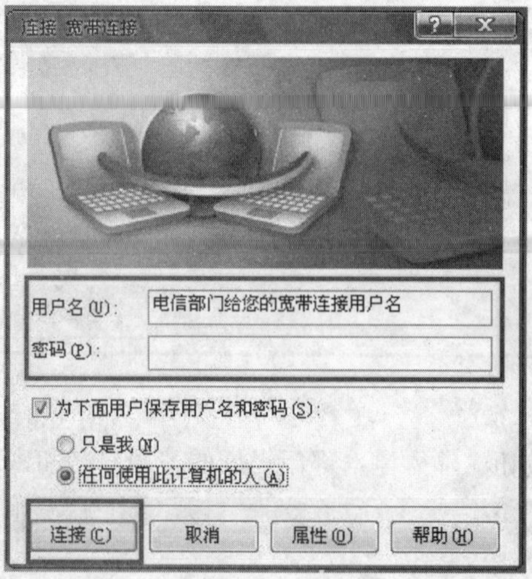

图 6-3-10

项目练习

利用 ADSL Modem 上网的方法为计算机联网。

项目实训　使一个宿舍的 4 台计算机共享上网

学生宿舍入户只有一条网线，同住的 4 位同学各有一台计算机，给出可以让他们同时上网的方案并附上操作步骤。

项目七

计算机的优化、维护与安全

计算机的优化、维护与安全是计算机使用过程中困扰计算机用户的主要问题，通过本项目的学习掌握计算机简单的优化、维护与安全防护措施。

主要内容：

- 计算机的优化
- 计算机的维护与故障维修
- 计算机的安全防护

任务一　计算机的优化

课堂任务

对计算机进行全面的优化。

知识要点

（1）卸载应用软件。
（2）优化“我的计算机”。
（3）注册表的优化。
（4）显示优化设置。
（5）磁盘的优化。

操作步骤

1. 卸载应用软件

及时删除不需要的应用软件可节省磁盘空间，并提高计算机性能。卸载应用软件有两种方法：

方法一：使用软件自带的卸载程序卸载。

一般情况下，在 Windows XP 中安装的应用程序都会提供一个卸载程序，执行该程序就可以直接删除该应用程序。

方法二：使用 Windows XP 的“添加/删除程序”卸载。

有些应用程序不自带卸载程序，此时可以使用 Windows XP 提供的“添加删除程序”功能进行删除。

2．优化“我的计算机”

以 Windows XP 操作系统为例进行介绍。

右击“我的电脑”图标，在弹出的快捷菜单中选择“属性”命令就可以进行设置。

（1）设备管理器。安装最新的驱动可以提高计算机的性能，但是建议安装比较稳定的驱动。如果主板是 VIA 芯片，在“硬盘控制器”中选择最后面的一个 VIA BusMaster PCI IDE Controller，此时会出现“双 IDE 通道设置”，这里选择“起用两个 IDE 通道”，这样在以后访问硬盘文件时会增长 15%左右的速度。也可以设置光驱，在“光驱”选项中打开 DMA 选项，这样访问光盘的速度也会比以前快上很多。

（2）性能。在“系统属性”对话框选择“高级”选项，单击“性能”选项组中的“设置”按钮可以对 XP 的一些视觉特效进行调整。如果硬件配置很低，选择最佳性能比较好，这样可以让计算机更加流畅地运行；如果硬件配置是顶尖配置，则可以打开所有 XP 的特效，会给你从未有过的视觉享受。选择“高级选项”选项卡，“处理器计划”和“内存使用”都选择为将“程序”作为优化优先对象，这样在运行程序时就可以将内存和 CPU 优先放到程序上面，同样可加快程序的运行速度。

（3）设置虚拟内存。为了防止系统所在盘产生磁盘碎片，还要将交换文件（虚拟内存）设置为固定值。系统在默认状态下是让 Windows 管理虚拟内存，这样会造成虚拟内存的大小经常发生变化，这种变化就会产生磁盘碎片，而且系统默认是将虚拟内存放到 C 盘上，为了防止系统所在盘产生大量磁盘碎片，要将虚拟内存设置到 D 盘上。方法是单击“性能选项”对话框中的“高级”标签，再单击“虚拟内存”选项组中的“更改”按钮，在弹出的“虚拟内存”对话框中单击“D 盘”，在“初始大小”和“最大值”处输入 800 和 1 200（物理内存的 1.5～3 倍），如图 7-1-1 所示，也可适当增大这两个值。

（4）系统还原。系统还原对计算机的帮助不是很大，而且还占用很大的磁盘空间，所以要关闭系统还原。在“系统属性”对话框中选择“系统还原”选项卡，勾选“在所有驱动器上关闭系统还原”复选框即可。

（5）自动更新。尽量不要开启“自动更新”功能，因为微软更新的一些补丁并不是我们所需要的，而且在下载那些无用补丁时还浪费很多的时间和磁盘空间。在“远程”选项卡中最好取消选择“远程桌面”和“远程协助”两个选项，如果选择这两项就相当于给黑客留了一个后门，方便了黑客入侵。

3．注册表的优化

注册表相当于计算机的神经系统，可以说计算机的一切都是用注册表来进行修改的，现在好多优化软件都是通过修改注册表来完成优化。由于注册表内容非常丰富，在此仅举几个对计算机速度比较有影响的方面进行介绍。

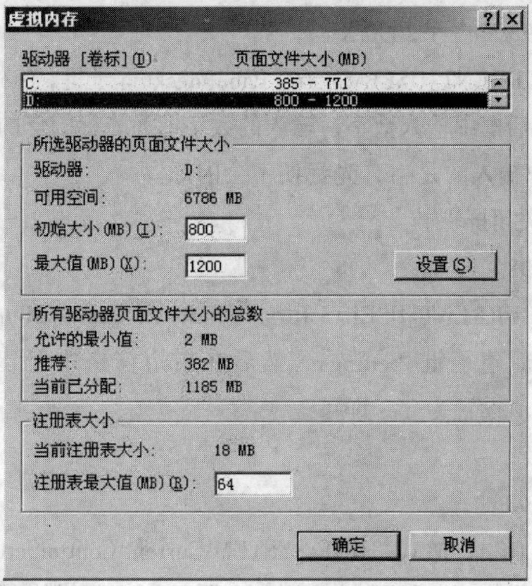

图 7-1-1

1）一次点击即可关机

适用系统：Windows 98。

方法：(1) 打开 HKEY_CLASSES_ ROOT\Directory\shell 主键，新建名为 Close 的主键，双击 Close 子键右窗格中的“默认”，在弹出的对话框中输入“关闭计算机”。

(2) 在 Close 下建立一级子键 Command，双击该子键右窗格中的“默认”，在弹出的对话框中输入 RUNDLL32.EXE USER.EXE，EXITWINDOWS。

(3) 右击“开始”按钮，在弹出的快捷菜单中选择“关闭计算机”命令即可关闭计算机。

2）去掉出错时发出的声音

适用系统：Windows 98/Me/NT/2000/XP。

方法：打开 HKEY_LOCAL_USERControl PanelSound 子键，在右侧窗格中新建名为 Beep 的字符串值，双击该值，在弹出的对话框中输入 No。如果用户需要恢复声音，只有将数值改成 Yes 即可。

3）加速菜单显示

适用系统：Windows 98/Me/NT/2000/XP。

方法：打开 HKEY_CURRENT_USER\ControlPanel\Desktop 子项，双击右边窗格中的 MenuShowDelay，在弹出的对话框中输入 0～100000（单位为毫秒）之间的数值，一般将数值设成 20～400 之间的数值，数字越小，菜单显示的速度就越快，但也不要设置得过低。

4）删除“开始”→“收藏夹”选项

适用系统：Windows 98/Me/NT/2000/XP。

方法：打开 HKEY_CURRENT_USER\Software\Microsoft\Windows\CurrentVersion\Policiesxplorer 子键，在右侧窗格中建立双字节值，命名为 NoFavoritesMent，数值为 1。

5）改变光标的闪烁速度

适用系统：Windows 98/Me/NT/2000/XP。

方法：打开 HKEY_CURRENT_USER\Control Panel\desktop 子键，在右侧窗格中找到 CursoBlink Rate 并双击，在弹出的对话框中输入数字，输入的数字即为光标闪烁的速度，系统默认的数字一般是 200～400。如果用户输入的是-1，光标便不会闪烁。

6）磁盘整理前自动关闭屏保

适用系统：Windows 98。

方法：打开 HKEY_CURRENT_USER\Software\Microsoft\WindowsCurrent\VersionApplets，新建子键 Defrag，在其下再新建子键 Settings，然后在右边窗格中新建一个字符串值，命名为 DisableScreenSaver，将其值设置为 Yes 即可。

7）加快关机速度

适用系统：Windows 98

方法：打开 HKEY_LOCAL_MAC-HINE\SYSTEM\Current\ControlSetControl\Shutdown 子项，在右侧窗格中新建一个字符串值，命名为 FastReboot，同时将“数值数据”设为 1，修改之后可以感受到关机速度有明显加快。

8）关机时自动删除交换文件

适用系统：Windows 2000

方法：打开 HKEY_LOCAL_MACHINE\SYSTEM\Control\Set001ControlSession ManagerMemory Management 子键，双击右侧窗格中的 ClearPageFileAtShutDown，将十六进制“数值数据”设为 1，关闭系统就会自动删除 Pagefile.sys 文件。

4．显示优化设置

显示优化设置是非常重要的，因为这部分直接关系到对眼睛的好与坏。如果能对显示部分进行正确的优化，将对眼睛有很好的保护作用。

（1）屏幕保护：屏幕保护的时间选择 15 分钟为宜，也可以根据自己的具体情况来定。

（2）电源使用方案：其中“关闭监视器”建议选择 30 分钟为宜，而“关闭硬盘”选择“从不”，因为对硬盘进行关闭时，再重新启动对磁头有很大的伤害。

（3）在“休眠”选项中可以取消计算机的休眠，这样可以节省 100 MB 的磁盘空间，另外还可以释放一部分内存。“外观”选项中可以选择“Windows 经典”样式，这样虽然没有 XP 华丽的样式，但可以加快菜单的运行速度。

（4）刷新率。一般情况下把刷新率设置在 75 Hz 以上显示器就没有闪烁感，也会感觉很舒服。而刷新率和显示器的带宽有关系，带宽越大其刷新率就越高。另外，建议不要使用额外的刷新率，因为这相当于是对显示器进行超频，这与对 CPU 的超频相比伤害更大！刷新率过高，反而会减少显示器的寿命。

5．磁盘的优化

计算机在长期使用过程中，磁盘上会产生大量的临时文件和碎片，致使磁盘运行空间不足，运行速度便会受到影响。使用“磁盘清理”程序来清除垃圾文件，释放磁盘空间，可使计算机处于良好的工作状态。

（1）磁盘整理。单击“开始”按钮，选择“所有程序”→“附件”→“系统工具”→“磁盘清理”命令，弹出“选择驱动器”对话框，在“驱动器”下拉列表框中选择需要清理的驱动器，单击“确定”按钮。当系统计算完可释放的空间后，选择需要清理的文件夹，单击“确定”按钮开始清理。在整理磁盘碎片时，记得要关闭其他所有的应用程序，包括屏幕保护程序，最好将虚拟内存的大小设置为固定值。不要对磁盘进行读写操作，一旦整理程序发现磁盘的文件有改变，它将重新开始整理。而且整理磁盘碎片的频率要控制合适，过于频繁的整理也会缩短磁盘的寿命。一般经常读写的磁盘分区最多一周整理一次。

（2）磁盘扫描。虽然扫描速度很慢，但只要有足够的耐心，经过对磁盘完整而详细的扫描后，系统中的绝大多数错误都能被修复。

（3）备份。由于计算机病毒或系统不稳定等原因，系统在使用一段时间后，很多人都会重新安装操作系统。以 Windows XP 系统为例，一般安装完系统，设置好驱动程序并安装完使用的软件，通常要花费 30 分钟～2 个小时。但如果用 Ghost 将系统备份，在系统出现问题后，再用 Ghost 将系统恢复，这样安装一个全新的系统只需 10 分钟左右。下面讲解使用 Ghost 备份与恢复系统的方法。

使用 Ghost 备份系统的方法如下：

（1）在 Windows XP 系统中运行 Ghost32.exe 程序，开始进行备份。注意如果要运行 Ghost.exe 程序，则需要用 DOS 启动盘或 Windows XP 启动盘启动计算机到 DOS 状态，然后进行操作。将软驱设为第一启动盘，插入 DOS 启动盘重启计算机进入 DOS。

（2）进入 DOS 后，取出 DOS 启动软盘，再插入含有 Ghost.exe 的软盘。在提示符 A:\>_下输入 ghost 后按 Enter 键，即可开启 Ghost 程序，如图 7-1-2 所示。

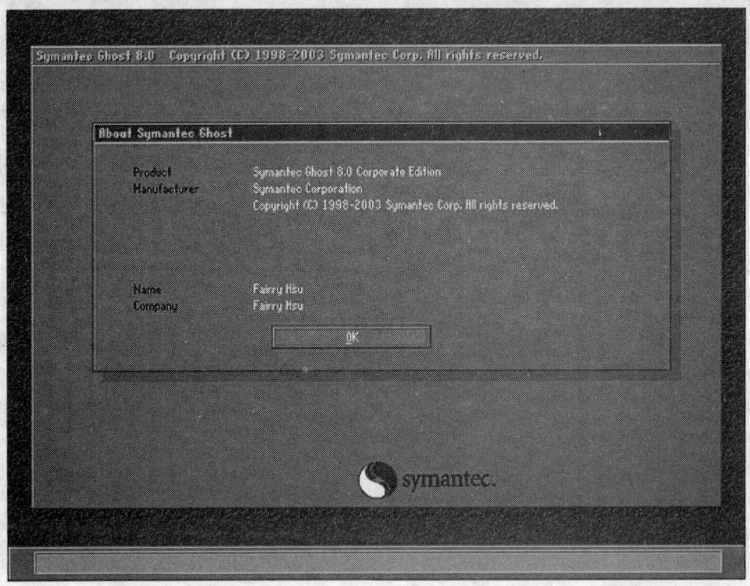

图 7-1-2

（3）直接按 Enter 键后，显示主程序界面，如图 7-1-3 所示。

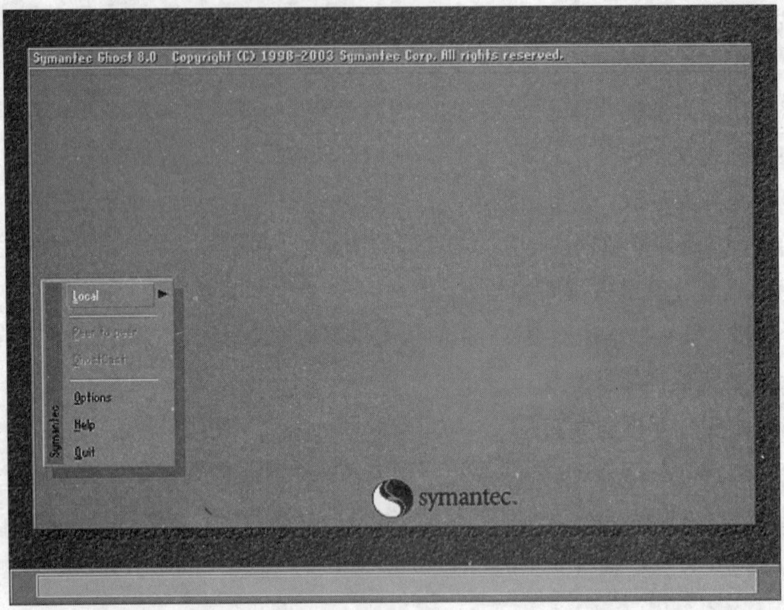

图 7-1-3

主程序有四个可用选项：Quit（退出）、Help（帮助）、Options（选项）和 Local（本地）。Local（本地）菜单中有 3 个子菜单，其中 Disk 表示备份整个磁盘（即磁盘克隆）、Partition 表示备份磁盘的单个分区、Check 表示检查磁盘或备份的文件，查看是否可能因分区、磁盘被破坏等造成备份或还原失败。这里要对本地磁盘进行操作，应选 Local；依次选择 Local（本地）→Partition（分区）→To Image（产生镜像）命令，如图 7-1-4 所示。

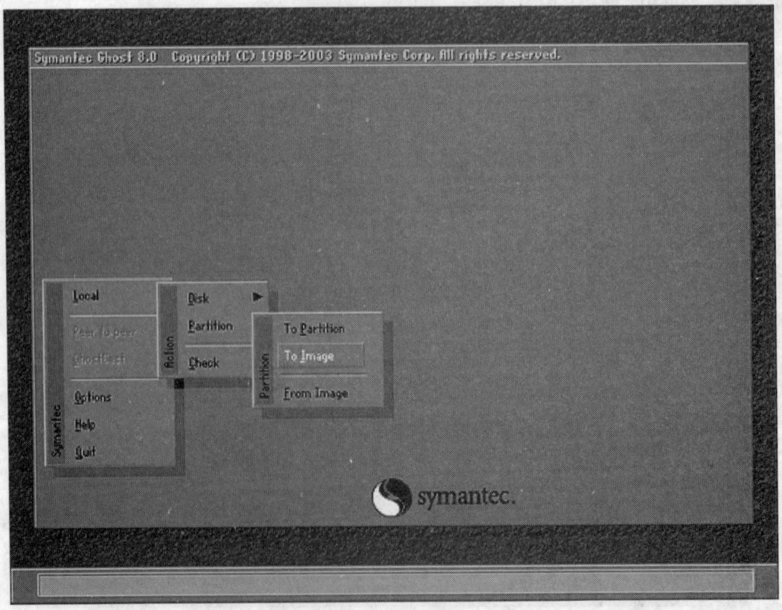

图 7-1-4

（4）按 Enter 键，显示图 7-1-5 所示的界面。

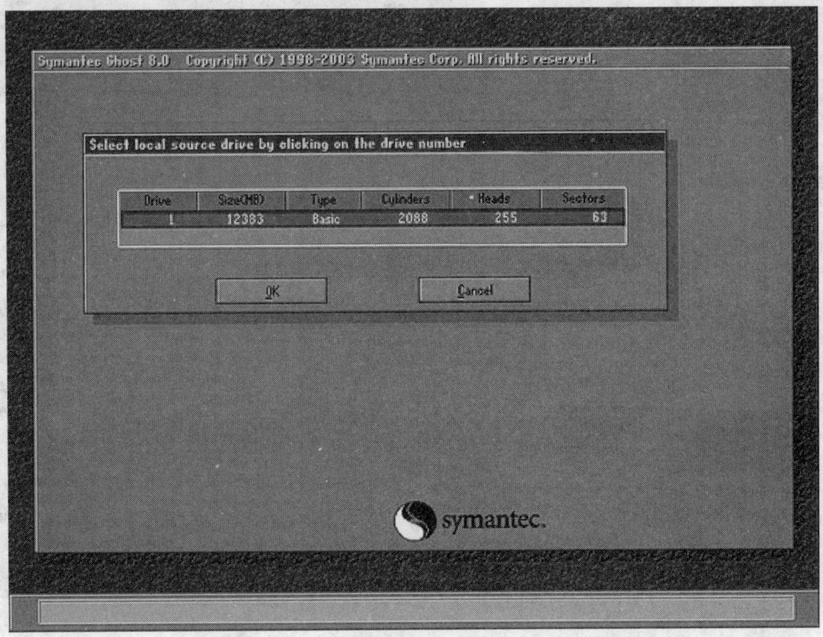

图 7-1-5

（5）因为只有一个磁盘，所以不用选择了，直接按 Enter 键后，显示图 7-1-6 所示的界面。

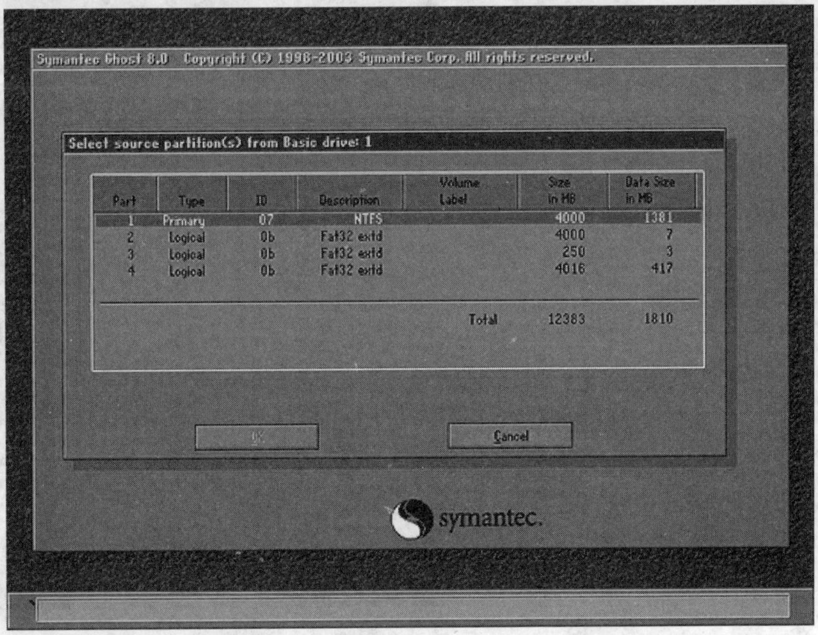

图 7-1-6

（6）用方向键选择第一个分区（即 C 盘）后按 Enter 键，这时 OK 按钮被激活，如图 7-1-7 所示。

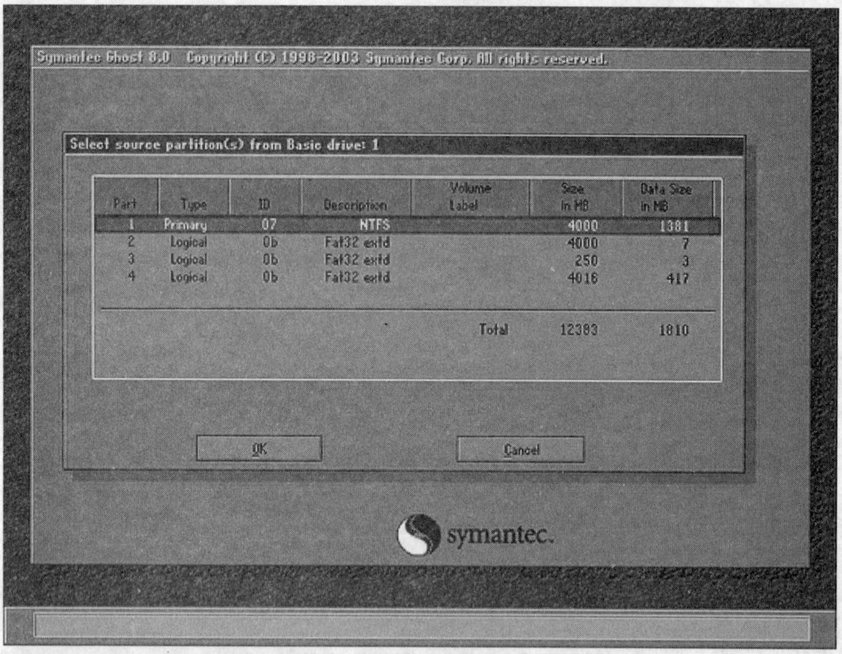

图 7-1-7

（7）按 Tab 键切换到 OK 按钮，如图 7-1-8 所示。

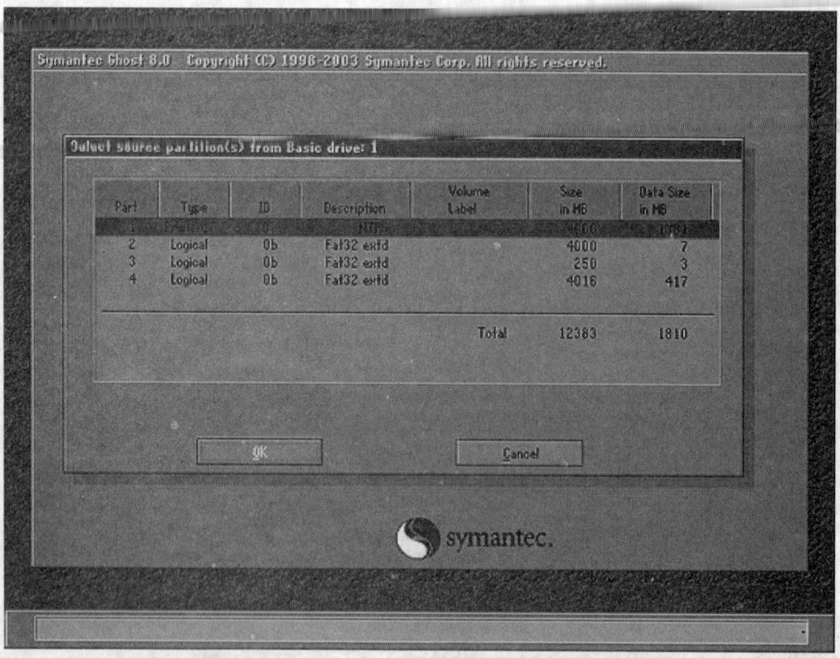

图 7-1-8

（8）按 Enter 键进行，弹出图 7-1-9 所示的界面，以选择备份存放的分区、目录路径并输入备份文件名称。

（9）这里首先选择存放影像文件的分区，按 Tab 键切换到 Look in 下拉列表框（以白色线条显示），如图 7–1–10 所示。

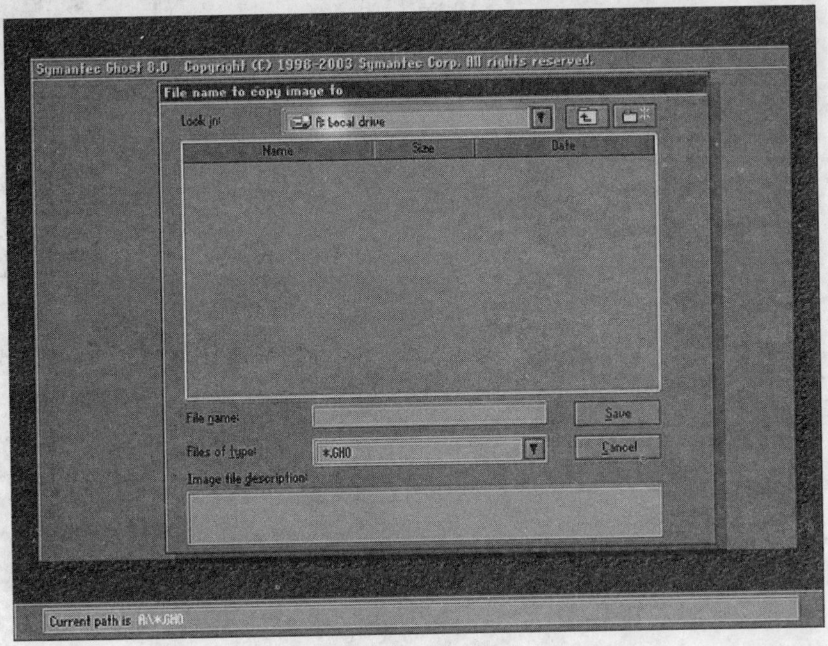

图 7–1–9

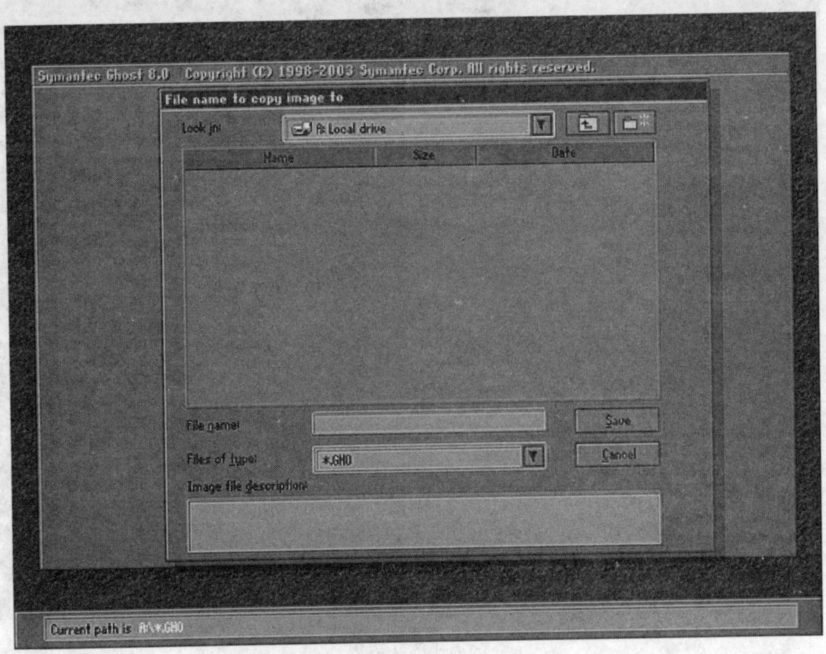

图 7–1–10

（10）按 Enter 键，显示如图 7–1–11 所示。

（11）要将影像文件存放在有足够空间的分区，使用向下方向键选择 E:1:4[ ]FATdrive 分区，如图 7–1–12 所示。

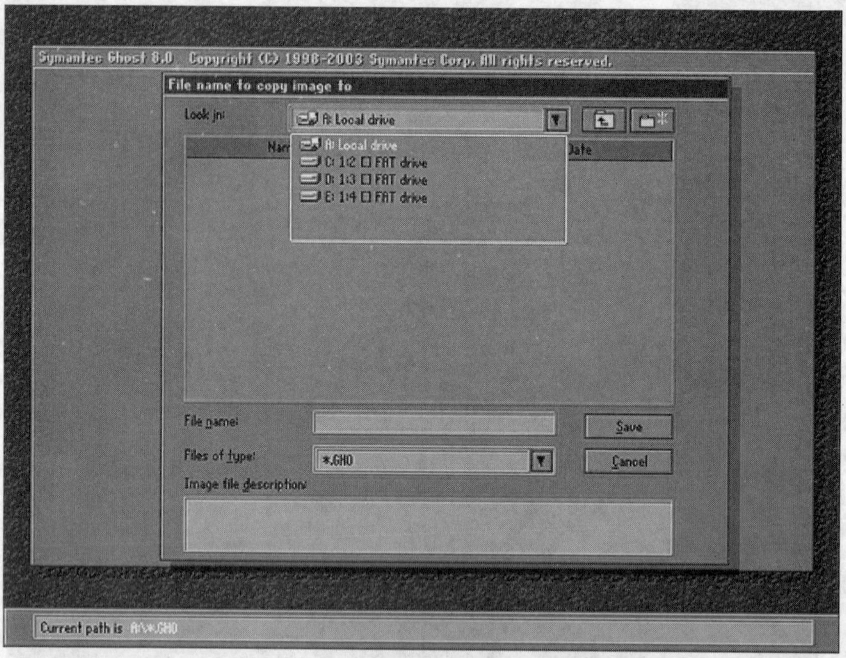

图 7-1-11

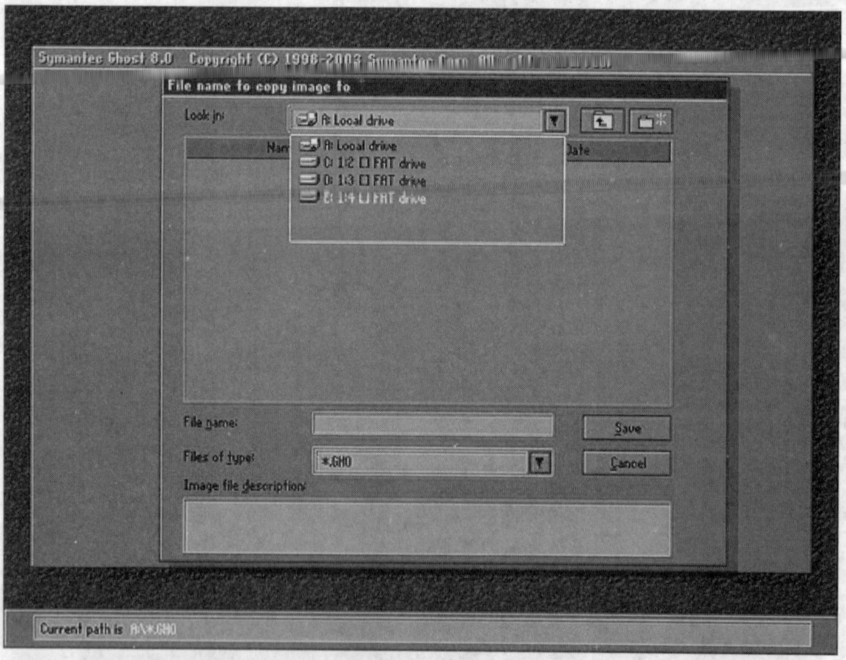

图 7-1-12

（12）按 Enter 键确认，显示如图 7-1-13 所示。

（13）从显示的目录列表中可以进一步选择目录，按 Enter 键确认即可。这里要将影像文件放在根目录，所以不用选择目录，直接按 Tab 键切换到 File name：下拉列表框，如下图 7-1-14 所示。

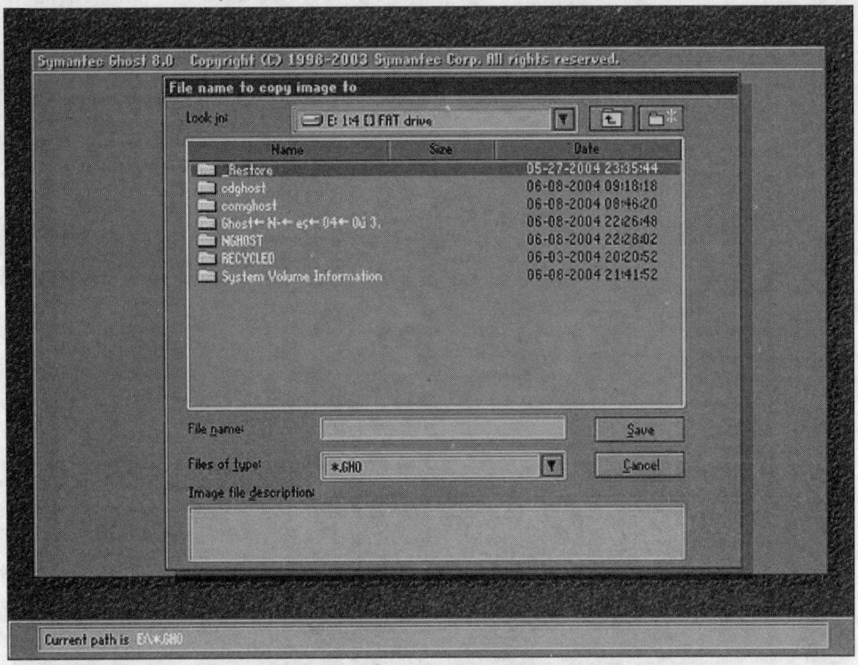

图 7-1-13

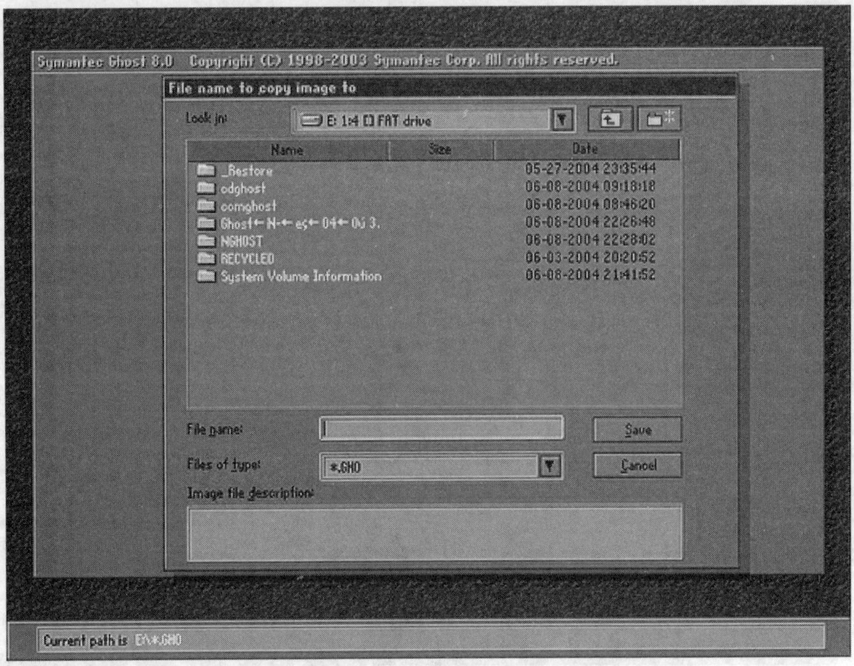

图 7-1-14

（14）输入影像文件名称，这里要备份 C 盘的 XP 系统，所以影像文件名称就命名为 cxp.GHO，注意影像文件的名称带有 GHO 的扩展名，如图 7-1-15 所示。

（15）输入影像文件名称后，直接按 Enter 键，此时弹出“询问是否压缩备份数据”的信息框，如图 7-1-16 所示。

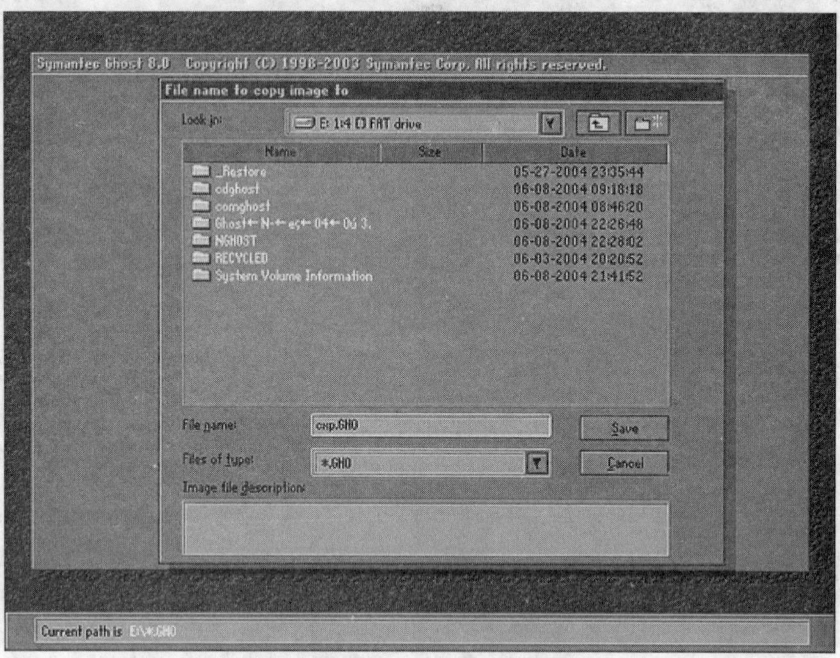

图 7-1-15

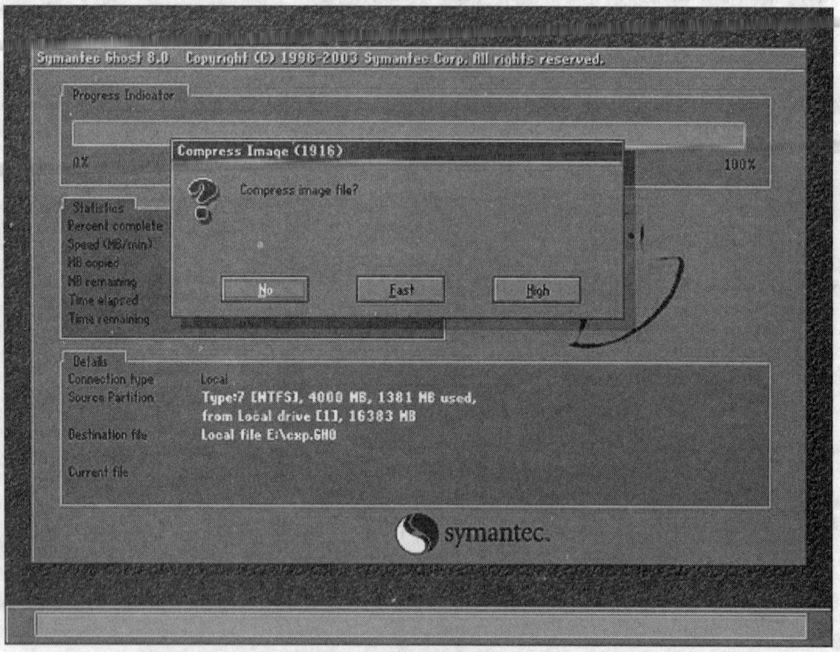

图 7-1-16

No 表示不压缩，Fast 表示压缩比例小而执行备份速度较快（推荐），High 表示压缩比例高但执行备份速度相当慢。如果不需要经常执行备份与恢复操作，可选择 High 压缩比例高，所用时间为 3～5 min 但影像文件的大小可减小约 700 MB。这里选择 High 按钮，如图 7-1-17 所示。

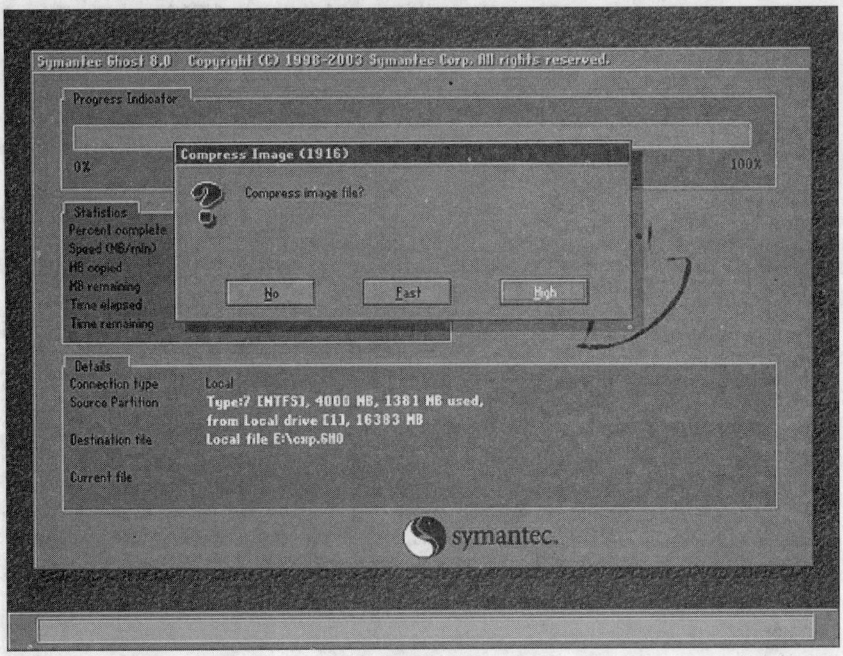

图 7-1-17

（16）按 Enter 键后即开始进行备份，如图 7-1-18 所示。

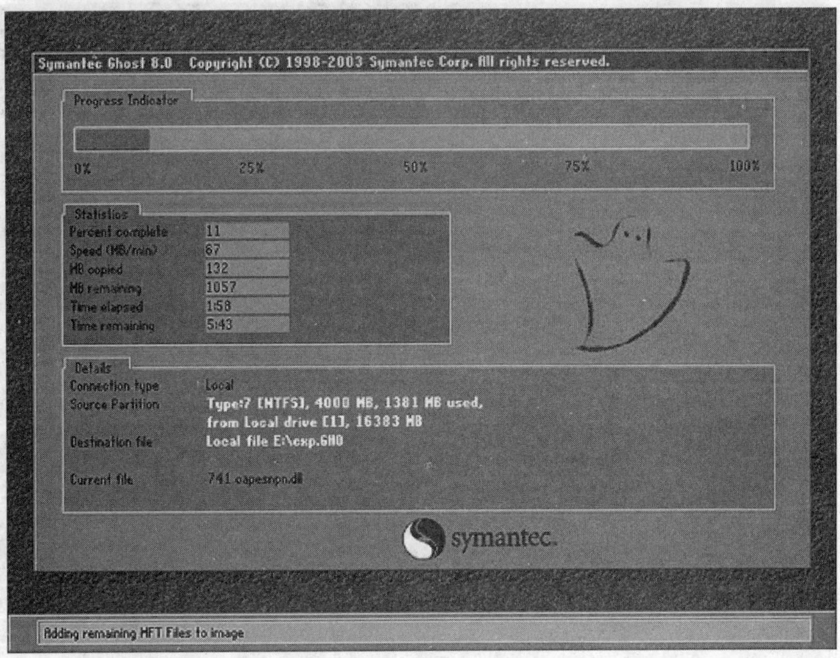

图 7-1-18

整个备份过程一般需要 5～10 分钟（时间长短与 C 盘数据多少、硬件速度等因素有关），完成后显示如图 7-1-19 所示。

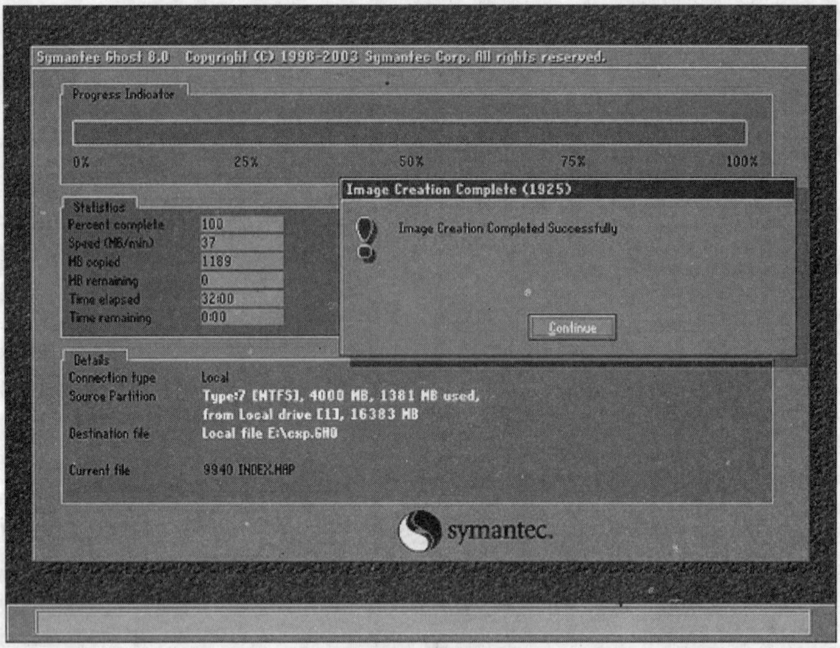

图 7-1-19

（17）按 Enter 键后，返回程序主画面，如图 7-1-20 所示。

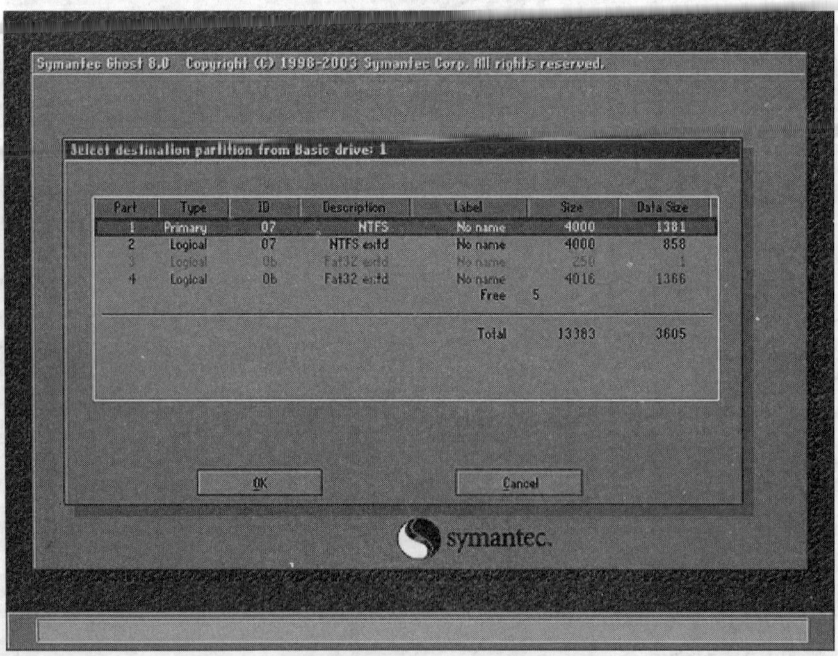

图 7-1-20

要退出 Ghost 程序，用方向键选择 Quit，如图 7-1-21 所示。按 Enter 键后，显示如图 7-1-22 所示。

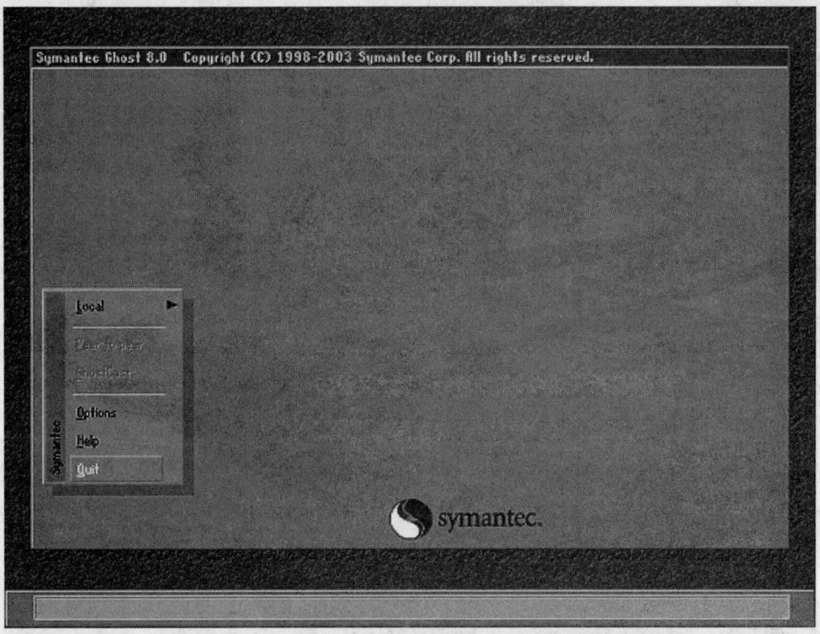

图 7-1-21

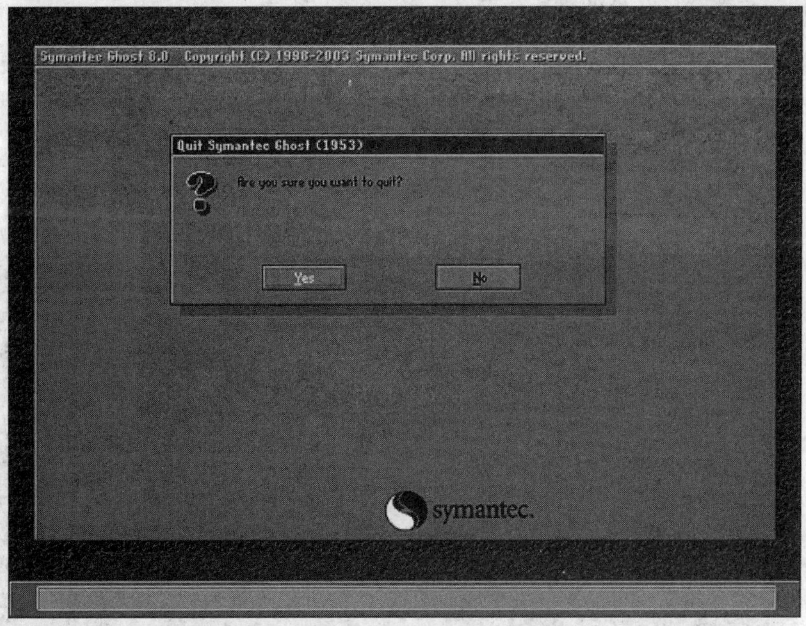

图 7-1-22

图 7-1-22 询问是否要退出 Ghost 程序，按 Enter 键即完全退出 Ghost 程序并返回 DOS 提示符 A:>,取出软盘后按 Ctrl+Alt+Del 组合键重新启动计算机进入 XP 系统，打开 F 盘后查看，如图 7-1-23 所示。

从图中可见到影像文件 cxp.GHO 放在 F 盘根目录下，大小为 725 985 KB，是 C 盘已用空间大小 1.38 GB 的 55%，分区备份作为个人用户来保存系统数据，特别是在恢复和复制系统分区时具有实用价值。

图 7-1-23

使用 Ghost 恢复分区备份的方法如下：

（1）如果磁盘中已经备份的分区数据受到损坏，用一般数据修复方法不能修复，以及系统被破坏后不能启动，都可以用备份的数据进行完全复原而无须重新安装程序或系统。也可以将备份还原到另一个磁盘上。

这里将存放在 F 盘根目录的原 C 盘的影像文件 cxp.GHO 恢复到 C 盘，要恢复备份的分区，进入 DOS 下，运行 Ghost.exe 进入主程序画面，如图 7-1-24 所示。

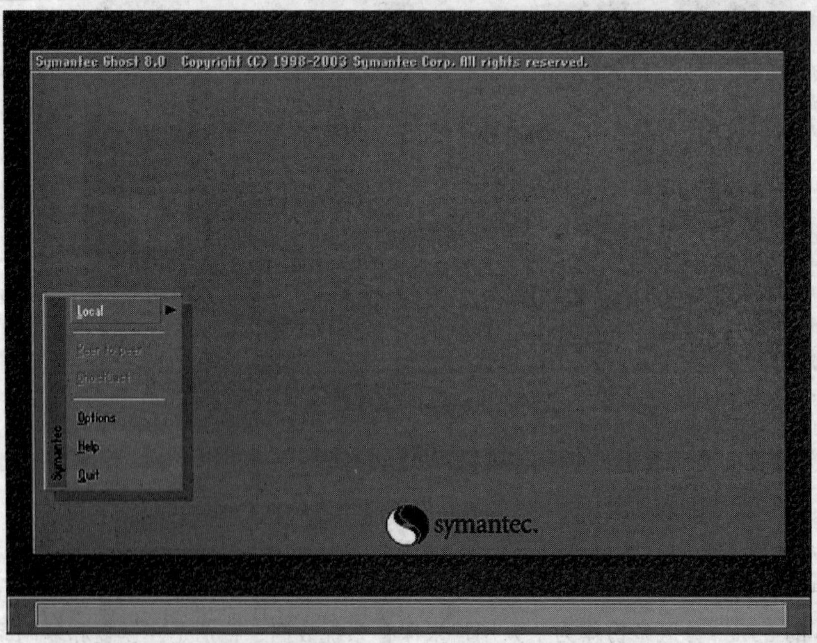

图 7-1-24

（2）依次选择 Local（本地）→Partition（分区）→From Image（恢复镜像）命令，如图 7-1-25 所示。

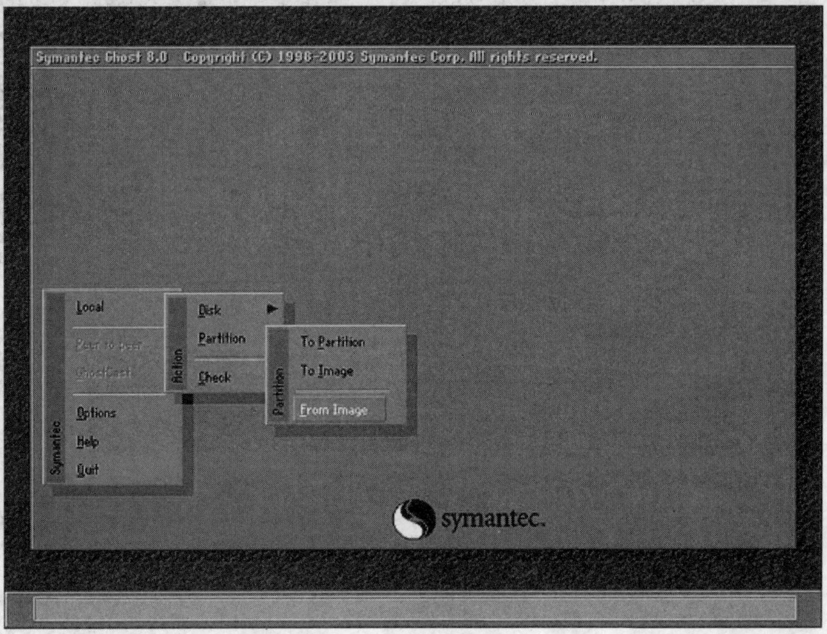

图 7-1-25

（3）按 Enter 键确认，在弹出的界面中单击 Look in 下拉按钮，如图 7-1-26 所示。

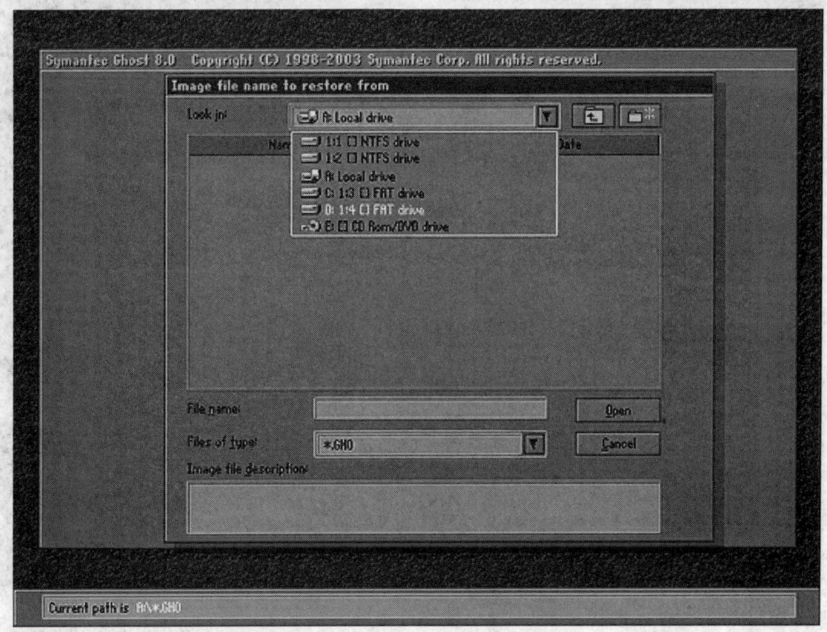

图 7-1-26

（4）选择镜像文件所在的分区，因为影像文件 cxp.GHO 存放在 F 盘根目录，所以这里选择 D:1:4[ ]FAT drive，按 Enter 键确认后，显示如图 7-1-27 所示。

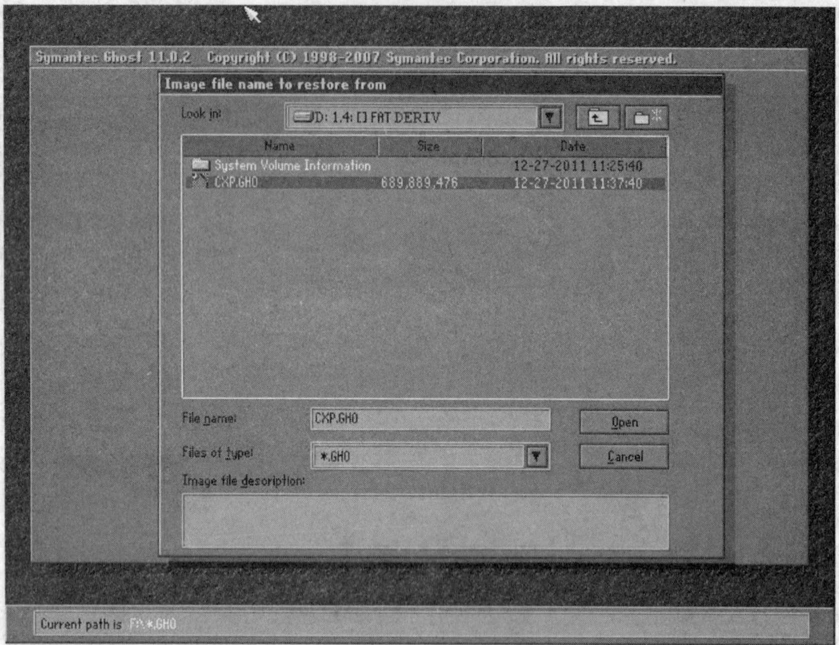

图 7-1-27

（5）用方向键选择镜像文件 cxp.GHO 后，按 Enter 键确认，弹出图 7-1-28 所示的界面。

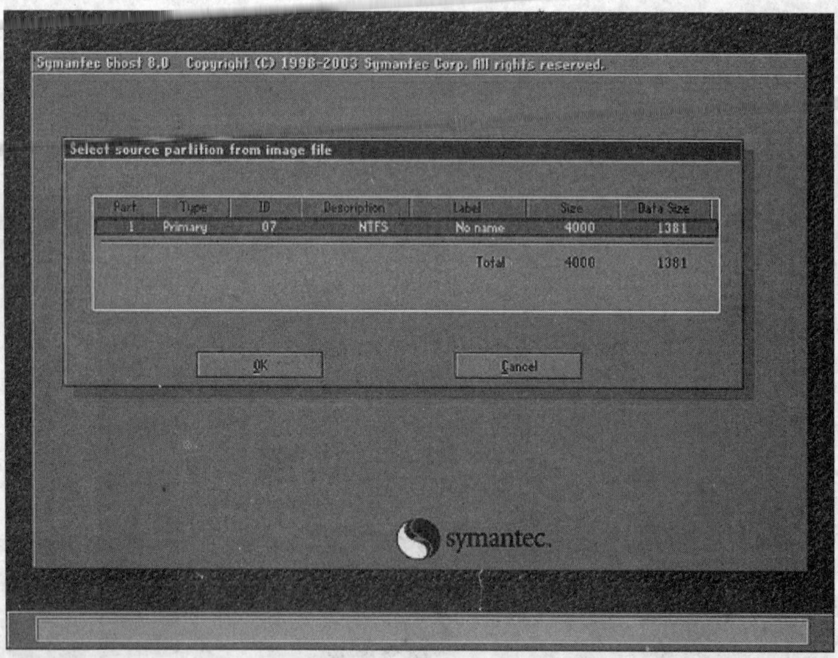

图 7-1-28

（6）显示出选中的镜像文件备份时的备份信息（从第 1 个分区备份，该分区为 NTFS 格式，大小 4 000 MB，已用空间 1 381 MB）确认无误后，按 Enter 键，显示如图 7-1-29 所示。

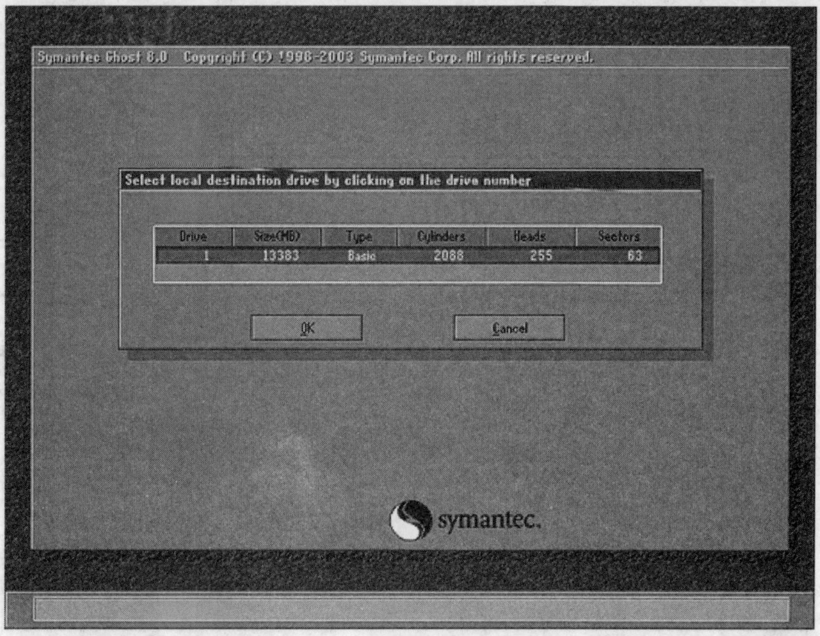

图 7-1-29

（7）选择将镜像文件恢复到的那个磁盘，因为只有一个磁盘，所以直接按 Enter 键，显示如图 7-1-30 所示。

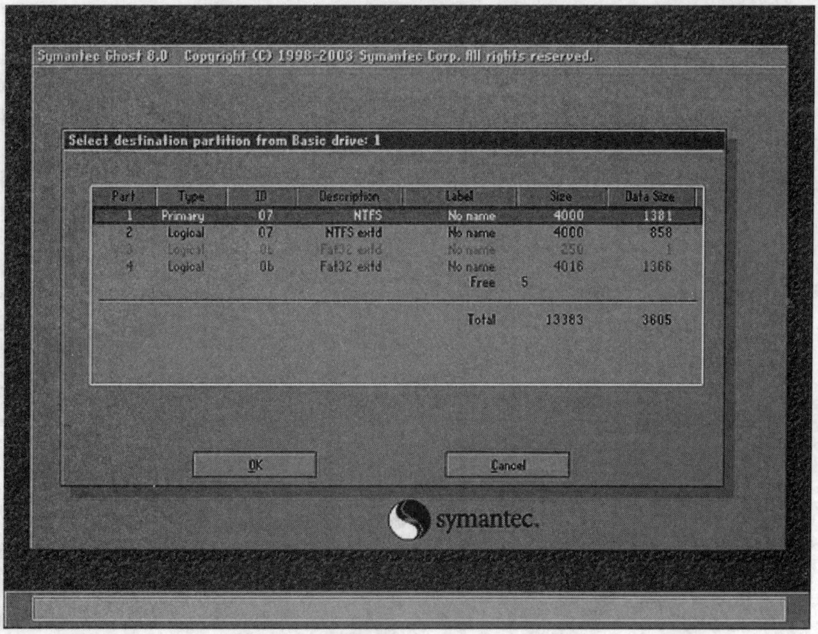

图 7-1-30

（8）选择要恢复到的分区，这里要将镜像文件恢复到 C 盘（即第一个分区），所以选择第一项（第一个分区），按 Enter 键，显示如图 7-1-31 所示。

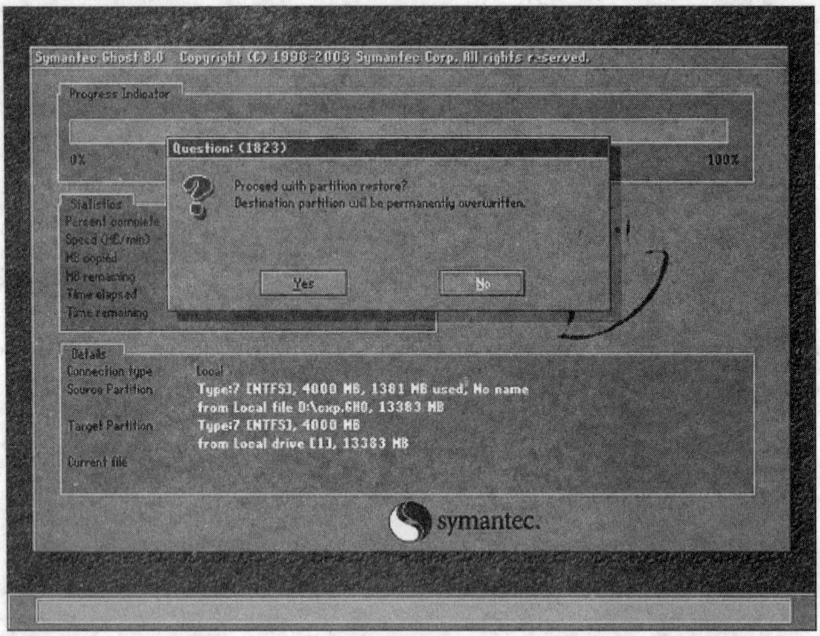

图 7-1-31

提示“即将恢复，会覆盖选中分区破坏现有数据!”，选择 Yes 按钮，按 Enter 键开始恢复，如图 7-1-32 所示。

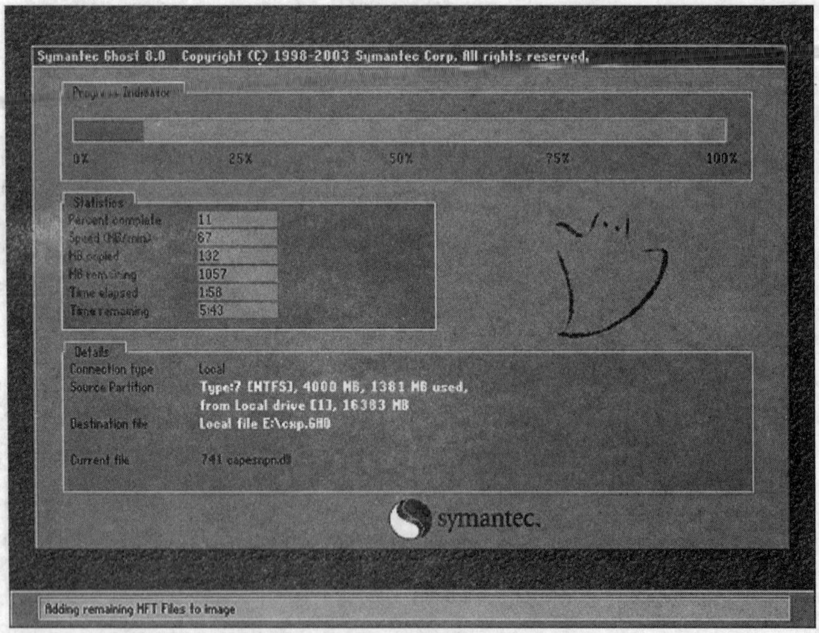

图 7-1-32

备份的镜像恢复完成后，显示如图 7-1-33 所示。

取出软盘，直接按 Enter 键后，计算机将重新启动，恢复后的系统和原备份时的系统一模一样，而且磁盘碎片也不需要进行整理。

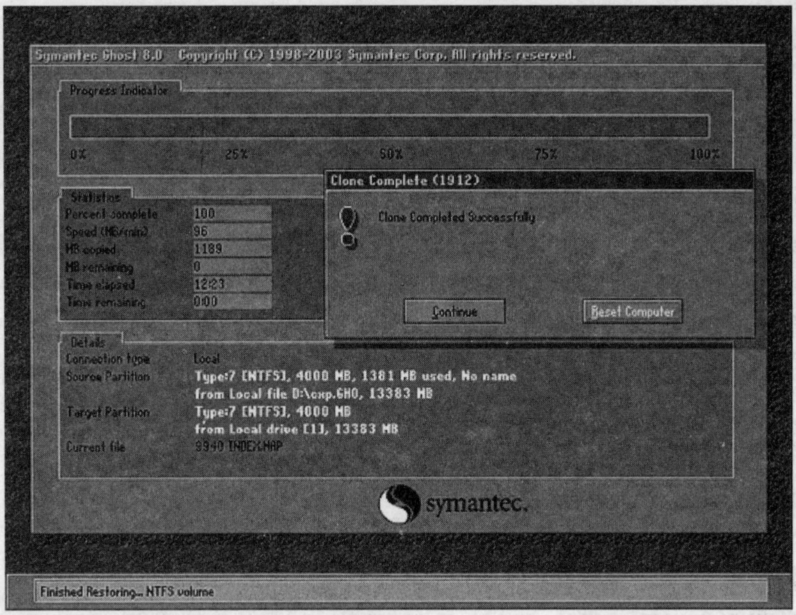

图 7-1-33

项目练习

（1）熟悉并掌握计算机优化的方法。

（2）掌握 Ghost 软件的使用方法。

任务二　计算机的维护与故障维修

课堂任务

计算机的维护与故障维修。

知识要点

（1）计算机的基本维护。

（2）计算机故障的诊断与排除方法。

课程内容

1. 计算机的基本维护

1）计算机对环境的要求

在计算机的早期发展过程中，因为其零部件需要较苛刻的环境条件，所以还不能满足一般使用者的要求。随着硬件技术的不断发展，计算机零部件抗环境影响的能力越来越强，特别是在台式计算机研制成功后，环境对台式计算机的影响就更加微小，这也促成了今天计算机的广泛使用。

虽然目前计算机对环境的要求很少，但是在计算机的大部分故障中，环境因素所造成的故障所给的比例还是很大的。所以，为了使计算机能够更好地为我们服务，保证计算机的正常运行，为其创造一个适宜的工作环境还是很有必要的。

（1）环境温度。计算机运行时的适宜环境温度是5℃～40℃，这一温度常称为常温或室温。

温度过高或过低，都不能保证计算机的正常运行。温度过低，会使计算机中的一些机械部件变脆，使其抗震、拉、扭的能力减退。如在低温下，电缆变硬，在弯折时，就易断裂。过低的温度还会使电子元、器件或集成电路的性能发生变化，如集成电路中用得最多的晶体管，它在低温下的导电能力就会下降。计算机在低温下经常不能启动，多数原因是由于低温下某些元、器件或集成电路的性能参数变化而造成的。解决的方法是将计算机移到较暖和的地方，并放置半个小时以上，以待计算机与环境同温时再开机运行。过高的温度对计算机的运行也是非常不利的。由于计算机中各个部件上的元器件在加电后都要发热，如果环境温度过高，再加上通风不好，就会使元器件的温度进一步升高，当超过它们所允许的温度范围时，元器件就会被烧毁，造成计算机故障。另外，在过高的温度下，元器件的电参数也会发生漂移，造成计算机运行不稳定或出现故障。解决方法是：当由于环境温度过高而引起计算机工作不稳定时，如果没有条件，则应暂停使用计算机，待环境温度降低后再使用。

（2）环境湿度。计算机能够在20%～80%的相对湿度环境下正常工作。如果环境过于干燥，则容易产生静电，而静电是集成电路及晶体管的大敌。若过于潮湿，会使积累在计算机部件上的灰尘成为导体，造成部件上的元、器件及集成电路引脚间短路，引发计算机故障。

（3）清洁。计算机应该在一个相对干净的环境中运行，否则，灰尘会侵入计算机内部，经过长期的积累后，当环境温度或湿度达到一定值时，就会引起电路的短路，造成计算机故障。前面所举的例子就是一个很好的例证。聚积在软驱磁头、光驱光头上的灰尘，不仅使读/写磁盘或光盘时产生错误，严重时还会划伤盘面，造成其上数据的损坏和丢失。积聚在接插接上的灰尘，会造成接插卡间接触不良，影响计算机的正常运行。积聚在元器件上的灰尘还会影响散热，最终导致元器件故障。

（4）电磁干扰。计算机中的磁盘驱动器上存放有很多重要的数据。如果将计算机放置在较强的磁场环境下，就有可能造成磁盘上数据的损失。较强的磁场还会干扰计算机的正常运行，使计算机出现一些莫名其妙的故障。例如将电吹风接上电源，并打开电源开关，然后将电吹风移近显示屏，就会在屏幕上出现很多的水平条纹，这就是电吹风的电机旋转时产生的磁场所引起的干扰。电磁干扰主要来自两个方面，一个是来自周围的环境，如音响设备、电机、大功率电器、静电甚至日光灯等；另一个是来自计算机自身的干扰，因为计算机本身就是一个电磁波的发射源。计算机自身的干扰可以通过改进计算机的设计给予解决，而环境因素的电磁干扰，除在设计时给予考虑外，重要的是操作者在使用计算机时，应尽量使计算机远离这些干扰源。

（5）供电系统。要想使计算机正常运行，一个良好的供电系统是非常必要的。如果电源质量不好，不但不能使计算机正常工作，甚至可能造成计算机部件的损坏、所存储的数据丢失。例如，如果供电系统所提供的电压超出计算机电源变换器所允许的电压范围，轻者可使计算机的电源变换器进入保护状态，使负载断电而不能工作，重者可能会烧毁电源甚至负载，造成损失。如果所提供的电源经常性地瞬间断电，就会造成计算机系统莫名其妙地重启，使未存盘的数据丢失；严重时还会由于重新加电时所产生的浪涌电压或尖峰脉冲而损坏计算机部件或器件。如果所提供的电源中存在很大的干扰，一旦计算机的电源变换器的抗干扰电路发生故障或性能下降，或干扰太大，就会使干扰通过电源加载到负载上，从而造成负载——计算机部件、器件的损坏。

（6）安全。计算机在工作时的安全问题，从环境因素考虑，主要是用电的安全，以及摆放计算机的工作台的安全。另外，有害气体及有害物质，如酸、碱物质等，自然因素如火灾等，都对计算机有严重的损害，因此在使用计算机时应严格注意。最后，保护使用者自身的安全是每位计算机操作者都必须认真对待的。

计算机的另一个安全问题是来自计算机自身及操作者，有以下几个方面：一是不按操作规程和要求来操作计算机，如在未关机的情况下插拔连接电缆等；二是使用不合适的计算机部件，如使用粗制滥造的或未按规范要求设计的扩展卡；三是计算机病毒及网络黑客的攻击。

2）操作中应注意的问题

（1）不要频繁地开、关机，每次关、开机的时间间隔应不小于 30 秒。

（2）不要在计算机附近吸烟或吃东西。这样会使烟灰或食物残渣污染键盘盘体，吃的东西或喝的水会溅到计算机设备上，造成短路，引起故障。

（3）计算机在加电之后，不应随意地移动和振动计算机，以免由于振动而造成硬盘表面的划伤，以及意外情况的发生，造成不应有的损失。

（4）敲击键盘或鼠标按键时，不要用力过猛，以免缩短使用寿命。

（5）驱动器正在转动（驱动器的指示灯正亮）时，切不可取出磁盘或关机，以免造成数据丢失或损坏磁盘。这里的驱动器指软驱、硬盘、光驱等驱动器。

（6）计算机关机后，不要立即盖上罩布，待计算机的热量散发完后再盖上罩布。

（7）计算机显示器在刚关机时，最好不要移动显示器，以免造成显像管灯丝在热的状态下受到震动而断裂。

（8）不要随意硬拉计算机各设备间的电缆线，如键盘电缆线、鼠标电缆线、显示器电缆线等。经常拉断电缆，或使设备中的电缆插头脱离插座而造成故障。

（9）遇有雷雨天气，如果建筑物没有防雷措施，最好停止使用计算机，并将电源线、电话线从插座上拔出。

（10）对于软盘、ZIP 盘等利用磁性来记录数据的磁盘，在不使用时，应将其放入磁盘盒内，并存放在远离热源、远离磁场，并且能隔离灰尘的地方。

（11）对于光盘，不用时一定要放在光盘盒内避光保存，并存放于远离热源、清洁的地方；千万不可用锐利的物体刻划光盘面，也不要使光盘面受到污染。

（12）不要在计算机周围摆放过多的物品，如图书、磁盘，以及其他杂物，以免挡住通风口，使计算机内部通风不畅而引发故障。

（13）计算机不要超频使用。超频会缩短计算机的使用寿命，有时还会带来使用上的困扰，如莫名其妙的死机、重启等。要想提高计算机的运行性能，可采取升级的办法来提高性能，或通过软件调试的方法，改善计算机的运行环境来提高性能。

（14）在增、删计算机的硬件设备时，必须要断掉与市电的连接后，并确认身体不带静电时，才可进行操作。消除身体可能携带的静电的方法是佩带防静电手环，如果没有，可用手触摸一下其他金属物体，如自来水管等。不可取的做法是触摸机箱箱体来消除静电，因为这时的静电荷有可能积聚在机箱上不能释放，就有可能造成计算机工作不稳定。

（15）在接触电路板时，不应用手直接触摸电路板上的铜线及集成电路的引脚，以免人体所带的静电击坏这些器件。

（16）在接插计算机各部件或设备时，应注意插头座的正反方向，避免插反，造成故障。同时，在接插时，不要使用蛮力，应在对准的情况下均匀用力，慢慢插入或拔出。

2．计算机故障的诊断与排除方法

1）计算机故障的分类

（1）硬件故障所谓硬件故障是指组成计算机系统的各个部件或器件，由于自身的老化，或性能参数的变化而造成部件或器件的损坏，致使计算机工作不正常或根本无法工作的故障。

硬件故障有以下几个方面：

① 器件故障。这类故障主要是由设备中的元器件、集成电路损坏、接插件的接触不良（如电源接插头）等引起的故障。这类故障主要的表现是元器件短路、断路，集成电路内部短路、断路等。在这类故障中，按器件在系统中所担负的功能可分为电源故障（如无电压输出，电源信号失效等）、关键性故障（此类故障会导致计算机不能启动，既使能启动，也经常性的死机或根本无法工作等的故障。导致关键性故障的器件或部件可能有CPU、ROM BIOS、总线控制电路，基本内存、磁盘等）和非关键性故障（计算机基本上能够工作，但一些用户经常使用的功能，如打印、上网浏览等功能不能正常起作用。导致非关键性故障的器件或部件可能有内存，键盘，软、硬驱、串、并口控制电路等）三大类。

② 机械故障。这类故障主要发生在机械设备或部件上，如由于机箱尺寸不合适，而使插在主板上的板卡与插槽接触不良；又如软驱磁头磨损、定位偏移，键盘卡键等。

③ 存储介质故障。这类故障主要是由于软盘或磁盘等的存储介质损坏而使系统不能正常工作或信息丢失的故障。如由于磁盘中的磁盘片表面划伤、造成计算机运行处在划伤位置处的软件时，不能正常运行；又如软盘受到磁化，而使存储在其上的数据不能被正常访问等。

（2）软件故障。这类故障常常是由于所使用的软件在计算机中未给予它所需要的软件环境，或系统的配置不恰当或有错误。主要表现为：运行相应软件时运行不正常、死机，整个系统运行不正常，某种设备驱动程序加载不上，某些设备不认等。软件故障的一些表现常常还会与硬件故障的表现相似，如死机、不能打印等，这就要求我们在进行故障判断与排除时，运用正确的方法与经验的积累，正确判断故障并予以解决。

（3）非正常损坏故障。这类故障主要是由于计算机的运行环境恶劣（如尘土较多，相对湿度或温度超过计算机允许范围）或用户不正确的操作引起的故障。常见的不正确操作主要有：不按软件或硬件的操作要求进行操作。如未按软件说明书所指示的操作步骤来运行程序；带电插拔设备或部件；磁盘正在运行时就搬动计算机；在软驱中未插软盘就去访问软驱；电源接错（即将380 V的电源误当220 V接到计算机上等）；非专业人员对计算机进行不正当的维修（如使用蛮力拧动机箱螺钉，致使其脱扣；在质保期内打开电源盒盖；电路板上涂有不该有的助焊剂等）；遭受病毒感染，使计算机不能工作，或造成数据丢失。对于非正常损坏故障，即使还在保修期内，也不能按照保修承诺进行免费维修（具体的判断标准请参阅最新版本的《损坏部件鉴定工作指引》）。

2）计算机故障检测与排除的基本原则

在对计算机进行故障检修之前，首先要了解计算机正常工作时的现象，只有这样才能判断所要维修的计算机是否真的有故障；其次是要充分了解计算机发生故障的过程，包括出现故障时或之前计算机的状况、有无异常声响、曾进行过什么样的操作等；然后通过复现故障现象以进行分析，搞清楚出故障的原因，并使用正确的维修方法，使故障逐步限定在某一个具体的部件、接口或插件上；最后根据分析判断结果，定出排除故障的基本步骤和方法，并给予排除，再经过检验，使计算机回复到正常的工作状态。

根据以上所述的基本原则，在进行具体的维修时，还应注意掌握以下几方面的原则：

（1）先静后动。一方面是指作为维修人员在维修中要始终保持头脑冷静，不要盲目动手。要先找出原因和排除故障的方法步骤以及所需的资料、工具，再进行排除故障的工作。在维修过程中，如果遇到意料之外的事情，或一时无法解释的情况，应先暂停下来，清理一下思路，搜寻一下有关此问题的相关资料或与其他同行进行协商，或再进一步地与用户交流，直到有了新方案后，再继续进行，坚持做到先想后做。另一方面是指在进行检查时，不要急于通电检查，特别是那些可能导致故障扩大的故障，更应如此。

（2）由表及里。在查找故障时，要先从最简单、最容易的地方开始，然后逐步深入，直到找到故障原因及部位，如先从检查计算机的外部开始，看看电源线是否已接好，电源开关是否已打开，各连接电缆是否已连接牢靠、有无机械碰撞的痕迹，以及器件、部件的外观有无焦黑、崩裂等现象。在做完这些检查后，再从功能上检查故障的原因。在维修过程中，经常会发现有些故障往往是由一些不太经意的小事引起的，如显示器不亮，就是由于显示器电缆未插上；计算机启动不起来，是因为磁盘的设置不正确等。所以，在维修中，要先去考虑表面的、常见的、简单的故障，不要一开始就把问题想得很复杂。

另一方面，在准备动手时，还可以先检查一下系统中是否存在有病毒，继而检查一下安装在系统中的设备之间有没有冲突、设置是否正确，最后检查系统硬件是否有问题。通过这样的检查顺序，就可逐步确定故障部位，最后排除故障。

（3）主从分明。计算机系统产生的故障各种各样，有时还会几个故障同时存在。因此处理这类故障就应首先分清哪个故障是主要的，哪个故障是次要的。如某用户反映计算机工作不正常，也不能听 CD 音乐，在这种情况下，应首先使计算机工作正常，然后再去考虑解决声音问题。

再比如，一台计算机在运行过程中，突然出现键盘和鼠标同时不工作，但系统并未死机的故障。从表面上看，好像是键盘和鼠标都出了故障，但是仔细分析，可能还会有第三个故障，如果把第三个故障解决了，键盘、鼠标的故障可能就迎刃而解了。还有可能是由于键盘的原因而导致鼠标也不能工作，一旦解决了键盘的问题，鼠标的故障也就同时解决了。

（4）注意安全。在安全得不到保障时，其他的原则也就无从谈起。所以处理故障时要保证维修人员自身的安全和计算机设备的安全。

3）计算机维修的一般步骤

进行计算机维修，也应遵循一定的维修步骤，这样才能使你的维修工作有的放矢，才可能少走弯路。维修应遵循的一般步骤是：复现故障、进行维修和进行检验。

（1）了解并复现故障。了解故障是当遇到故障，不是立即开始判断，而是应将用户的反馈与自己所见到的现象进行整理，明确故障，然后再进行判断，这样将大大缩短故障的时间并减少二次维修。复现故障即是按操作者所叙述的故障现象，在操作者所使用的计算机上力求再现所述故障现象的维修过程。复现故障的目的是判定此计算机是否有故障。复现故障的过程中有两点要特别注意，一个是不易复现的故障，另一个是复现故障时，有可能扩大故障。不易复现的故障通常有：计算机需要运行一段时间后才会出现的故障，如某计算机刚开机运行时，一切都正常，但运行 1～2 小时后，屏幕抖动；还有，随机性比较大或偶然发生的故障，如有时在退出 Windows 98 时，关不了机，而有时却关机很正常。又比如，每天第一次开机时，都不能启动，但只要启动成功，以后无论再关机、开机都能正常启动。对于这类故障，可采取以下方法，一是耐心等待一段时间，看故障是否能够出现，或使用后面将要介绍的维修方法——升降温法来加速故障的出现（如果在用户处维修，此项不可行）；或在维修人员在场的情况下进行操作。对于随机性较大的故障现象，应力求与操作者合作找出有规律的地方，如经过了哪些操作后会出现故障，在什么样的内、外部环境下会出现故障等。或者也可通过较长时间的考机来复现故障。在复现故障时，有可能扩大故障范围的情况，如每次打开计算机电源时，电源打火或有不正常的声音、接连烧毁备件等。对于这种情况，应做好必要的防范工作后，用间接的方法进行复现，如对于与电源有关的故障，在检查前，应先断掉负载，然后加电看电源风扇是否运转，还可用万用表测量一下电源输出端的电压是否正常，也可用替换法来测试。

（2）判断故障并进行维修。在了解和复现故障的基础上，根据所看到的现象及已有的知识与经验，再结合相应的维修方法来判断故障，并定位故障部位，然后排除故障。

（3）进行检验。当确认故障并排除后，有一项非常重要的工作，就是对维修后的计算机进行检验，以确定故障是否排除，同时还要检验那些与故障相关的功能是否也恢复了正常。比如经过维修，为用户的计算机更换了主板。由于目前大多数主板，都是将串、并口集成在主板上的，因此，在更换主板后的检验中，不仅要检验原有的故障是否消失，而且还要检验相应的各端口（如串、并口，磁盘控制器等）是否正常。如将计算机连上打印机看能不能打印，操作一下软驱，看软驱是否正常工作等。在重新调试了软件环境后，也要对其他的软件及功能进行检验。总之，检验就是为了消除维修后可能引起的其他故障，或检查出是否还有其他故障，以保证维修后的计算机是一部能够完全正常工作的计算机。

4）计算机维修的常用方法

这里所介绍的方法不仅适用于硬件故障的判断与定位，而且其中的某些方法也适用于软件故障的查找。

（1）原理分析法。根据计算机的工作原理，从逻辑上分析故障特征，找出原因，排除故障。原理分析法要求维修人员要正确理解计算机各部分的工作原理，而且不要片面的看待问题。例如，有一台计算机开机时有显示，自检也能通过，但却不能启动操作系统。对于这样的故障，按照计算机原理，可能判断为磁盘上的系统文件损坏，使操作系统不能正常引导，也可能判断为在 CPU 从内存中取出执行指令时发生错误而导致不能引导。通常磁盘上的系统文件比较容易损坏，因而应先从它入手检查。

（2）程序测试法。程序测试法是利用一些测试工具对怀疑可能有故障的部件进行测试，或检查计算机中哪些部件可能存在故障，以确定故障部位，进而排除的维修方法。使用这种方法有一个前提，就是计算机必须能正常启动，只是在运行过程中有问题。常用的测试软件主要包括计算机自带的测试软件、操作系统附带的工具软件（如 Scandisk、Debug，及任何可用来进行测试的命令等）、工具软件（如 QAPlus、Norton 等）、查病毒软件等，这里把查毒软件也列为诊断程序中，是因为使计算机工作不正常的诸多原因中，病毒的原因不可忽视。

例如，某台计算机能够启动，但是不能打印或通信口不能使用，就可以先用查毒软件，检查一下此计算机是否感染病毒，如果无病毒，可再用其他的测试软件对打印口进行诊断。如果打印在 Windows 9X 下不能打印，但可在 DOS 方式下能打印，那就用 DOS 的打印命令来测试，以判断故障部位，进而排除故障。

（3）直接观察法。直接观察法是通过眼观、耳听、手摸、鼻闻等方式检查计算机故障的一种方法。眼观，就是观察设备或部件的外观，看其有无连接错误、碰伤、变色等现象，观察屏幕所显示的内容是否正常、程序运行后的结果是否正常等；耳听，就是听一听计算机运行时的声音，如硬盘转动时有无异常声响、在计算机没有显示的情况下，听一听计算机有无自检中的鸣叫声，及自检完毕时的那一声鸣叫声；手摸，就是感觉器件的温度或接插处有无松动的现象；鼻闻，就是闻一闻故障机的气味是否异样，如焦糊味等。

例如，一台计算机不能启动，通过听磁盘的转动声音，发现其发出咔嗒咔嗒的异常声音，就此可以断定，可能是由于磁盘损坏导致系统不能启动，可更换一块磁盘试一试，如果转动声音转为正常，装好操作系统及相应软件，即完成故障的修复。

（4）插拔法。插拔法是通过“拔出”或“插入”部件来判断和定位故障的方法。

例如，某台计算机不能启动，电源风扇也不转。这时可打开机箱盖，拔去所有电源的输出插头，以观察电源情况，若此时电源风扇正常转动，则说明计算机中有某个部件有短路现象或电源的带载能力下降，这时可逐次接上各部件的电源（插入）进行通电观察。当接上某个部件时，电源出现异常，说明故障可能就在该部件上。如果在接上最后一个部件时，电源风扇又不转了，有可能是最后一个部件有问题，或电源的带载能力不够。这时可改变一下插接的顺序再来一遍，如果故障依旧，则有可能是电源有故障。有时这个过程也可能正好相反，即当拔下某块板卡后计算机工作变为正常，说明故障可能出现在这块板卡上。

（5）替换法。替换法就是对怀疑有故障的部件，用一个好的同类部件去替换，或将这个部件放在其他好的计算机上使用，看是否有故障的一种方法（但要注意，不要把好的计算机损坏）。例如“插拔法”中所述的例子，为了进一步确定所怀疑的部件是否真的有问题，就可用替换法来判断。在使用替换法时要注意，如果用好的部件替换可能有故障的部件时，好的部件也被损坏了，这时应该立即停止再一次的替换，并考虑是否是其他部件有故障。

（6）比较法。比较法就是用一台好的计算机与可能有故障的计算机相互比较其表现特征，来判断可能有故障的计算机是否真的有故障或定位故障部位。这种方法主要用在比较隐含不易判断或软件方面的故障上。它常与替换法合用，比较同一部件在不同计算机上的表现来判断故障部件。这种方法也多用于二级维修。

例如，一用户反映他在两台计算机上运行同一个程序时，一台运行正常，另一台运行不正常。对于这种情况，就可使用比较法来进行检查。首先，比较两台计算机在软件环境上的差异，如 BIOS 中的设备、操作系统的版本与设置等；然后，比较两台计算机的硬件环境，如硬件的型号、版本，硬件的设置等。还可以对调两台计算机的磁盘，以比较其运行结果，找出出现问题的原因，进而排除故障。

（7）敲打法。敲打法主要用于判断接触不良的故障。使用这种方法时，注意不要使用蛮力，而且最好在断电的情况下进行敲打，以免引起其他故障。

（8）升、降温法。升、降温法，就是人为地对要维修的设备进行加温或降温措施，以加速故障的复现。如某台计算机工作一段时间后故障才能出现，或在冬季的每天早上第一次开机时才出现，而以后再开机时都正常。这些都可以使用升、降温法来加速故障的出现，以判断故障所在的位置。因为受条件的限制，升、降温法在一级维修中不常使用。但也可间接使用，如对于运行一段时间才出现的故障，可以耐心地等待一段时间；对于只有在第一次运行时才出现的故障，应争取在第一次运行之前到达故障现场等。

（9）综合法。综合法就是在维修过程中，将上述各种方法进行合理的组合来判断与定位故障的一种方法。其实，在进行故障判断时很少只使用上面介绍的方法中的一种来判断，而是多种方法一起使用。例如，在前面介绍的比较法的例子中，用比较法来检查故障机的配置，然后又用替换法来比较可能有故障的部件的表现，最后还可能要使用其他方法，进一步地定位故障，以达到排除故障的目的。在综合法中，先使用何种方法是没有严格规定的，通常是哪种方法好用就用哪种方法，但要遵循一定的方法和步骤，即要先想后动，从最简单的做起，从软件方面调整入手，最后再考虑硬件方面的问题。

项目练习

熟悉并掌握计算机的维护与故障维修方法。

任务三　使用 360 杀毒软件

杀毒软件，也称反病毒软件或防毒软件，是用于消除计算机病毒、特洛伊木马和恶意软件的一类软件。杀毒软件通常集成监控识别、病毒扫描和清除、自动升级等功能，有的杀毒软件还带有数据恢复等功能，是计算机防御系统（包含杀毒软件、防火墙、特洛伊木马和其他恶意软件的查杀程序、入侵预防系统等）的重要组成部分。

360 杀毒是 360 安全中心出品的一款免费的云安全杀毒软件。360 杀毒具有以下优点：查杀率高、资源占用少、升级迅速等。同时，360 杀毒可以与其他杀毒软件共存，是一款一次性通过 VB100 认证的国产杀毒软件。

课堂任务

（1）使用 360 杀毒对计算机进行杀毒。

（2）使用 360 病毒防火墙。

（3）360 杀毒病毒库的更新。

知识要点

（1）360 杀毒软件的查杀毒操作。

（2）360 病毒防火墙的使用。

操作步骤

1. 使用 360 杀毒软件对计算机进行查毒

计算机病毒由来已久，影响也较广泛，网络的出现加速了计算机病毒的传播和蔓延。在实际生活中，使用计算机的人都或多或少地受到过病毒的困扰，轻者计算机运行速度减慢、死机以及出现蓝屏、花屏等现象，重者破坏系统文件，甚至破坏硬件系统等，以至重要的数据被毁于一旦。所以良好的使用计算机的习惯就是一定要安装杀毒软件且经常对计算机进行查杀毒的操作。

从 360 的官方网站下载 360 杀毒软件安装程序并安装，然后启动 360 杀毒软件，进入软件的主界面，如图 7-3-1 所示。

在 360 杀毒软件中共有 3 种杀毒方式：

（1）“快速扫描”是对系统关键目录和极易隐藏病毒的目录进行杀毒扫描。

图 7-3-1

（2）“全盘扫描”是对计算机的所有分区进行杀毒扫描。

（3）“指定位置扫描”是对计算机中指定的目录进行杀毒扫描。

这里以“快速扫描”为例说明怎么进行查杀毒操作，单击“快速扫描”按钮，弹出 360 杀毒快速扫描窗口，如图 7-3-2 所示。

（1）在扫描的过程中可以根据需要来暂停或停止扫描过程。

（2）如果勾选“自动处理扫描出的病毒威胁”复选框，软件会根据情况来杀掉或隔离病毒文件。

（3）如果勾选“扫描完成后关闭计算机”复选框会在杀毒之后自动关闭计算机。

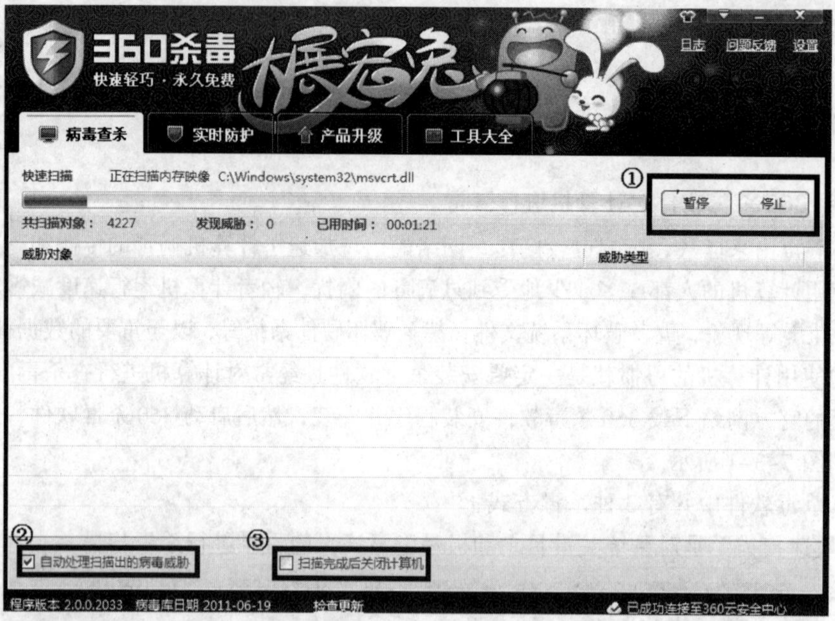

图 7-3-2

扫描完成后会弹出图 7-3-3 所示的窗口。

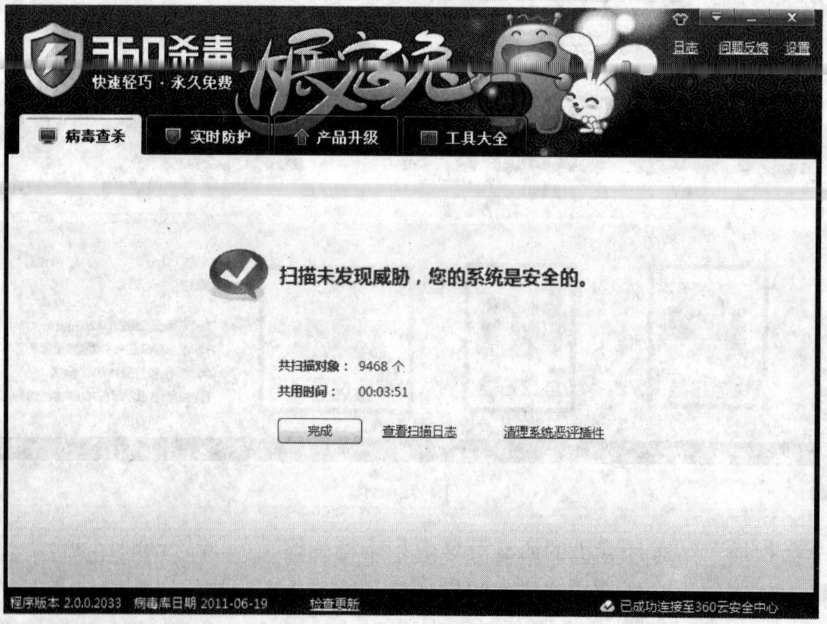

图 7-3-3

图 7-3-3 会显示本次扫描的基本情况，如扫描的文件数、所用时间等，若扫描出病毒会提示用户进行处理，如果没有扫描出病毒单击“完成”按钮退至主界面。

2. 实时防护的设置

在 360 杀毒软件的主界面选择“实时防护”选项卡会进入实时防护设置界面，如图 7-3-4 所示。

（1）单击“详细设置”按钮可以进入到实时防护的详细设置。

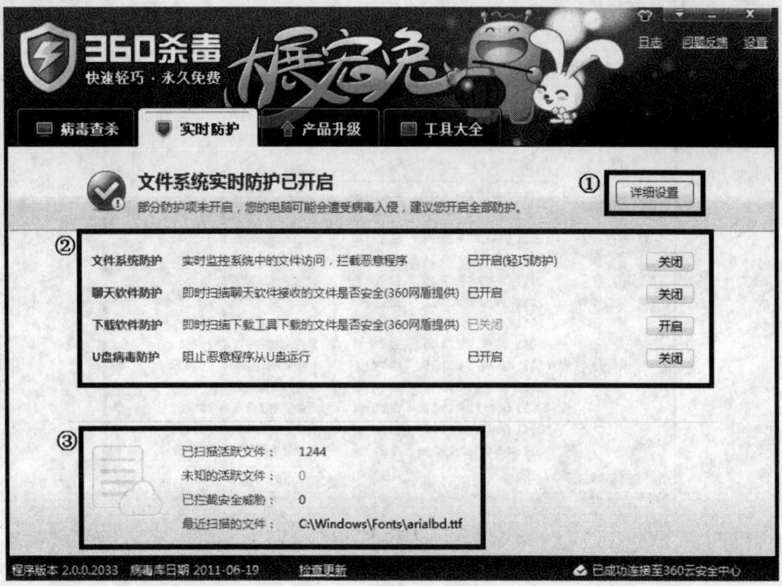

图 7-3-4

（2）单击“关闭”和“开启”按钮可以对相应的防护功能进行关闭或开启。

（3）实时反应监护文件的信息。

3. 对杀毒软件进行升级

因为网络的普及，新病毒的产生和传播速度也越来越快，需要对杀毒软件的病毒库经常进行更新。360 杀毒软件默认更新方式是联网后自动进行更新，也可以手动进行更新操作。选择“产品升级”选项卡进入产品升级界面，如图 7-3-5 所示。

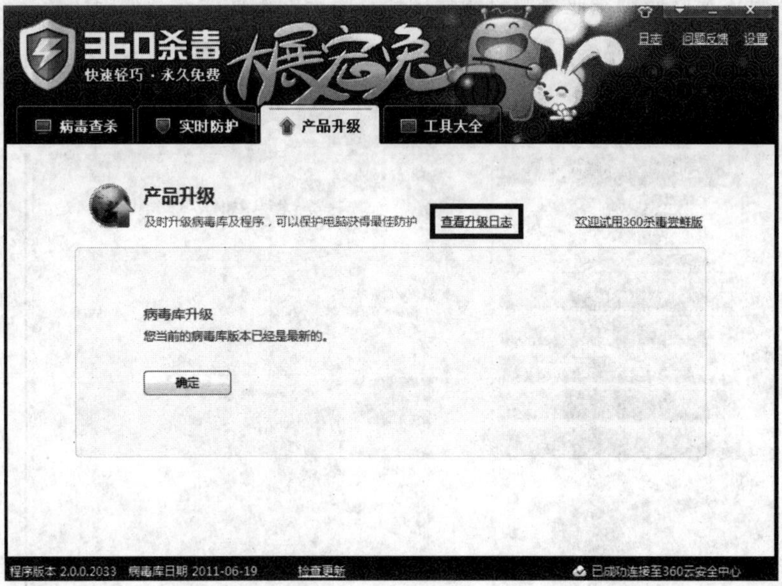

图 7-3-5

因为 360 杀毒软件的升级设置，所以病毒库已在联网时自动升级为最新版本了，可以单击“查看升级日志”按钮查看开设信息，如图 7-3-6 所示。

图 7-3-6

知识扩展

比较出名的杀毒软件很多，下面仅介绍其中的几款。

1. 卡巴斯基杀毒软件

卡巴斯基杀毒软件是一款来自俄罗斯的杀毒软件，该软件能够保护家庭用户、工作站、邮件系统和文件服务器以及网关。除此之外，还提供集中管理工具、反垃圾邮件系统、个人防火墙和移动设备的保护，包括 Palm 操作系统、笔记本式计算机和智能手机。卡巴斯基反病毒软件被众多计算机专业媒体及反病毒专业评测机构誉为病毒防护的最佳产品，如图 7-3-7 所示。

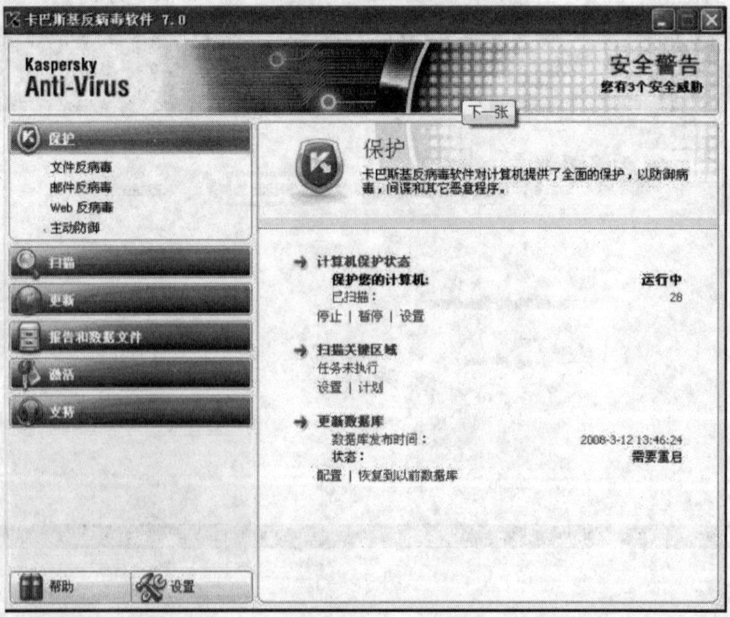

图 7-3-7

2．诺顿杀毒软件

诺顿杀毒软件是Symantec公司个人信息安全产品之一，也是一个广泛被应用的反病毒程序。该项产品发展至今，除了原有的防毒功能外，还有防间谍等网络安全风险的功能。诺顿反病毒产品包括诺顿网络安全特警、诺顿反病毒、诺顿360、诺顿计算机大师等产品。图7–3–8所示为诺顿杀毒软件主界面。

3．瑞星杀毒软件

瑞星杀毒软件是一款基于瑞星“云安全”系统设计的新一代杀毒软件，其“整体防御系统”可将所有互联网威胁拦截在用户计算机以外；深度应用“云安全”的全新木马引擎、“木马行为分析”和“启发式扫描”等技术保证将病毒彻底拦截和查杀；再结合“云安全”系统的自动分析处理病毒流程，能第一时间极速将未知病毒的解决方案实时提供给用户。图7–3–9所示为瑞星杀毒软件主界面。

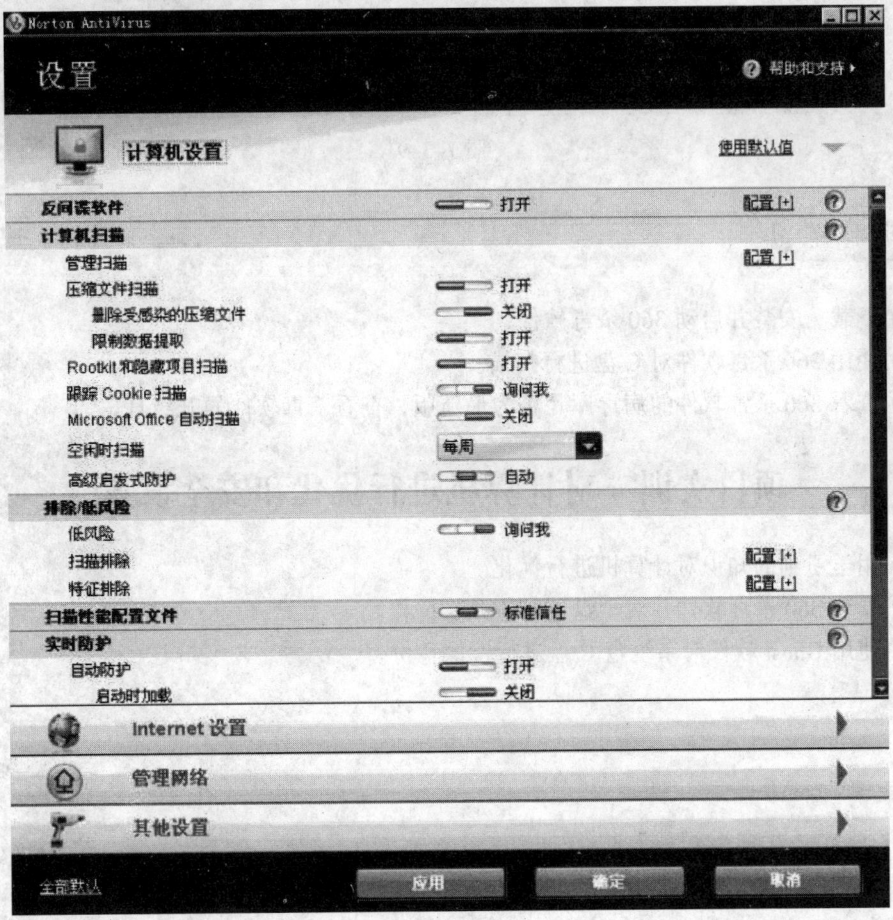

图7–3–8

杀毒软件的安装、使用和设置都很相近，功能也各有特色，可以根据自己的习惯和喜好选择和安装杀毒软件。

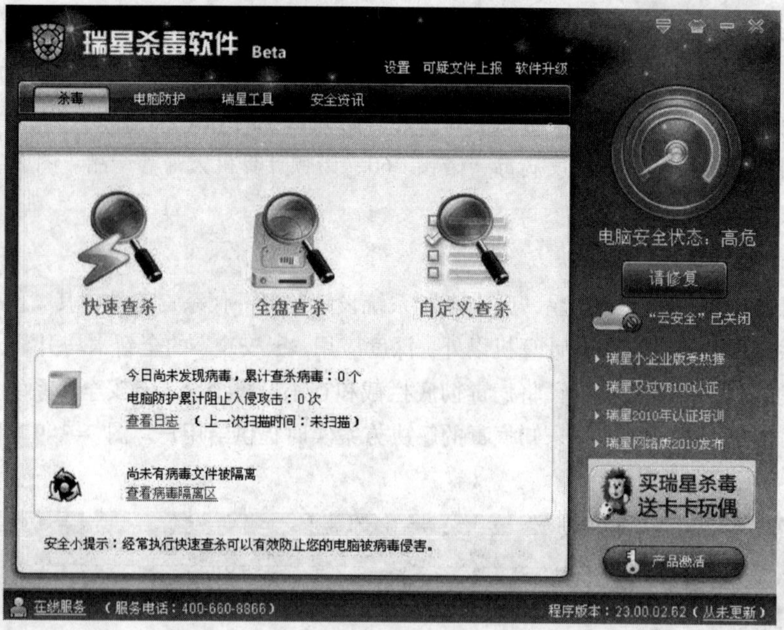

图 7-3-9

项目练习

（1）下载、安装并启动 360 杀毒软件。

（2）使用 360 杀毒软件对 C 盘进行扫描。

（3）查看 360 杀毒软件的病毒库是否为最新版，查看杀毒软件的升级日志。

项目实训　对计算机进行优化和安全设置

（1）用学习到的知识对计算机进行优化。

（2）安装 360 杀毒软件并对全盘进行查杀毒操作。

（3）使用 Ghost 软件对系统盘 C 盘进行镜像备份。